超絵解本 中・高生からの

想像をこえたおどろきの世界!

感動する物理

自然現象も身近な不思議も
すべては物理が教えてくれる

V
A
B
E
= F/m
S
E=mc²
A
B

はじめに

この世界のさまざまな現象について考える学問を，「物理」といいます。物理を学ぶと自然界のしくみやルールがわかり，物事を見る目が変わってきます。とはいえ，物理には難解な法則や数式も多く，苦手意識をもっている人も多いかもしれません。しかし，物理には感動するほどのおもしろさがつまっているのです。

たとえば，「今からおよそ 300 年後に日本で金環日食が見られます」なんていわれたらびっくりするかもしれませんが，物理の法則を使えば，天体の未来の動きを予測することができるのです。また，物理で考えると，「あなたは過去しか見たことがない」ことになります。実感がわかないかもしれませんが，これも物理学がみせてくれる想像をこえた世界の一つです。

この本では，ちょっと不思議な物理の現象を，イラストや画像をふんだんに使ってわかりやすく紹介していきます。また，「なぜ空が青いのか」「電柱からのびた電線は，どうして 3 本セットなのか」「火は電気を通すのか」といった，身近な話題もたくさん登場します。最後まで存分にお楽しみください！

3 身近な現象にも「おもしろい物理」はひそんでいる

4 感動する「物理学者の頭の中」

物理の視点でみると，世界が変わる！

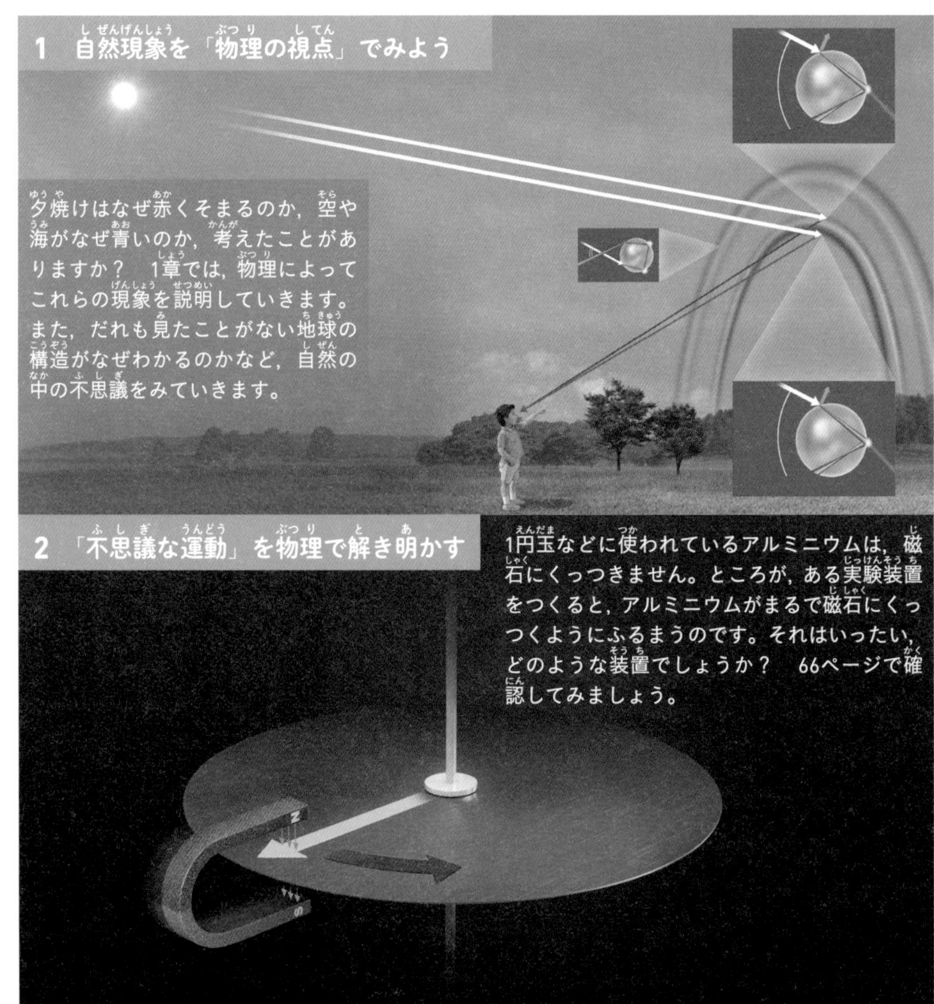

1　自然現象を「物理の視点」でみよう

夕焼けはなぜ赤くそまるのか，空や海がなぜ青いのか，考えたことがありますか？　1章では，物理によってこれらの現象を説明していきます。また，だれも見たことがない地球の構造がなぜわかるのかなど，自然の中の不思議をみていきます。

2　「不思議な運動」を物理で解き明かす

1円玉などに使われているアルミニウムは，磁石にくっつきません。ところが，ある実験装置をつくると，アルミニウムがまるで磁石にくっつくようにふるまうのです。それはいったい，どのような装置でしょうか？　66ページで確認してみましょう。

物理学を「むずかしい」と考えている人は，多いと思います。学校で習う物理は覚えなければならない法則や数式が多すぎて，「意味を考える余裕がない」という人もいるでしょう。

物理学とは，この世界でおきるさまざまな現象や，物の性質を解き明かすための学問です。**物理学にもとづいて考えると，空に虹が出る理由も，雷が発生するしくみも説明できます。また，物理の法則を応用すれば，“磁石から逃げるキュウリ”のような，不思議な現象を再現することもできます。**

この本では，皆さんがおどろくような物理学の現象を，数多く紹介していきます。読み終えたあとには身のまわりの物事の見方が変わり，「物理ってすごい」「おもしろい」と感じることでしょう。

3　身近な現象にも「おもしろい物理」はひそんでいる

電柱の内部が空洞になっていることを知っていますか？　あなたが今見ているものは，すべて「過去」だといわれたら信じますか？　3章では身近な現象や物事を，物理の視点でみていきます。物理がわかると，あたりまえの日常がちがってみえるかもしれません。

4　感動する「物理学者の頭の中」

「慣性の法則」「ニュートン力学」「相対性理論」など，物理学において知っておきたい項目を，そのなりたちや科学者たちのエピソードとともに紹介しています。歴史に名を残す科学者たちの天才的なひらめきや地道な研究に感動するはずです。

1

自然現象を「物理の視点」でみよう

雨上がりの空にかかる美しい虹，風景を赤くそめる夕日，ロマンチックなオーロラ……。こうした自然現象の多くは，物理で説明できます。1章では，感動的に美しい自然現象などと，物理との関係についてみていきましょう。

虹は，太陽の反対側に出る

雨上がりには，美しい虹がときどきあらわれます。**実は虹の見える方向は，「太陽の反対側」と決まっています。なぜなら，虹とは空気中の水滴が，鏡のように太陽光を反射することでおきる現象だからです。**

雨のあとなどに，空気中にただよう水滴の表面に太陽光が当たると，光の一部が水滴の中を曲がりながらさしこみます。光が曲がる角度は，色（波長）によって変わります。太陽光はさまざまな色の光が混ざった白色ですが，水滴に差しこんで曲がる際に，光がいわゆる「虹の7色」に分かれます（分光）。この分光した光が，水滴の奥側で1回反射して私たちの目に届いたものが，虹（主虹）と認識されます。

また，虹の根元を見ようと思って虹に近づいても，けっしてたどりつくことはできません。説明したとおり，虹はさまざまな色の太陽光が特定の角度で屈折・反射して私たちの目に届く現象です。虹に近づこうとして移動しても，先ほどとは別の水滴によってつくられた新たな虹が，同じ角度に見えるだけなのです。

光の屈折と反射が7色の虹をつくりだす

空気中にただよう水滴に太陽光が当たると，水滴の内部で光の屈折や反射がおきることで虹ができます。なお，条件がいいときには，くっきりした主虹の外側に淡い副虹が見えることがあります。

主虹上部での光の屈折・反射

空気中の水滴に太陽光が当たると，一部の光が反射されつつ，残りは屈折しながら水滴内に入ります。このとき，屈折の角度は光の波長（色）によってことなるため，光が分光されます。分光された光は一部が水滴と空気の境界面で反射されたのち，別の境界面から出ていきます。赤い光は太陽光と約42度の方向に出ていき，この光が人の目に届くと主虹の上部として見えます。

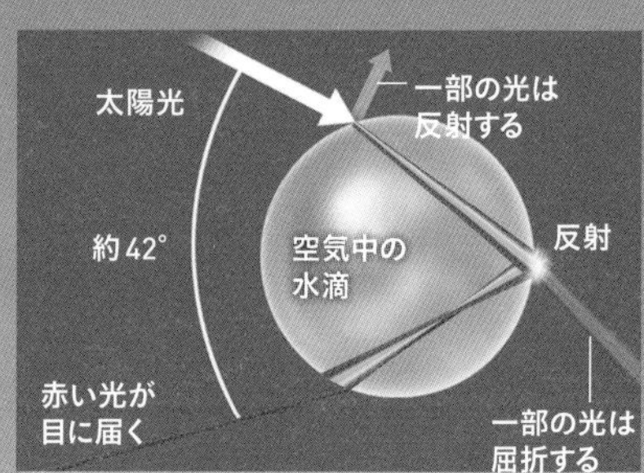

副虹

太陽光
反射
約50°～53°
反射

主虹

副虹での光の屈折・反射

副虹が見えるときの光の屈折・反射のようすです。光が水滴内で2回反射することで，主虹とは色の上下が反対になっています。

主虹下部での光の屈折・反射

主虹下部でも主虹上部とほぼ同じように光が屈折・反射されます。この場所からは，太陽光から約40度の方向に出ていった紫色の光が人の目に届きます。

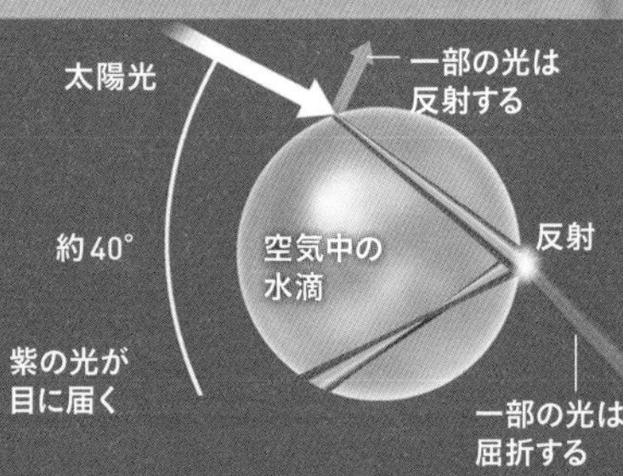

夕日で空が赤くそまるひみつ

太陽が西に傾くと，青い空が赤くそまりはじめ，やがて美しい夕焼けが見られます。ところで，**空気は無色透明なのに，なぜ空は青かったり赤かったりするのでしょうか？**

空の色には「散乱」が関係しています。たとえば木もれ日や雲の間からさす「光の筋」を見たことはありませんか？　この場合に見えているのは，光の道筋に沿って存在するちりや水滴などです。不規則に分布する微小な粒子に光がぶつかると，光は四方八方に飛び散ります。この現象が散乱です。散乱をおこすちりなどがなければ，光が目の前を通りすぎても，私たちには見ることができません。

大気は透明ですが，実は空気の分子は太陽からの光をわずかに散乱させています。空気分子による散乱は，光の波長が短いほどおきやすいことが知られています。太陽光では，紫色や青色が波長の短い光です。私たちの目は紫色よりも青色の光に感度が高いので，空は青く見えるのです。

では，なぜ朝や夕方の空は赤いのでしょうか？　朝や夕方の太陽は地平線近くにあるため，私たちの目に届くまでには，とても長い距離があります。青色のような波長の短い光は，太陽光が大気圏に入ってから比較的早くに散乱されてしまいます。つまり，私たちの目に届く前に散乱されるため，太陽光は青色や紫色の光を失って赤っぽくなります。その結果，朝や夕方の太陽から私たちの目に届くのは，赤系の光ばかりになってしまうのです。

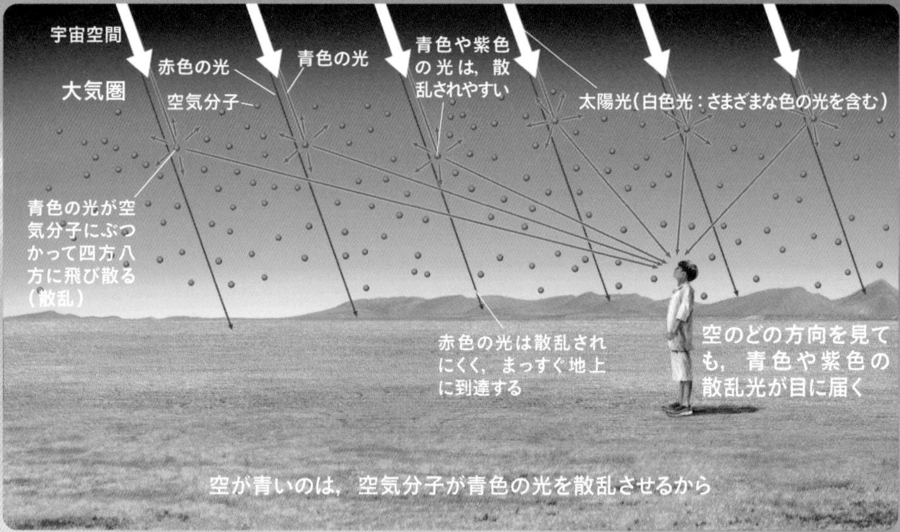

宇宙空間
大気圏
赤色の光
青色の光
空気分子
青色や紫色の光は，散乱されやすい
太陽光（白色光：さまざまな色の光を含む）
青色の光が空気分子にぶつかって四方八方に飛び散る（散乱）
赤色の光は散乱されにくく，まっすぐ地上に到達する
空のどの方向を見ても，青色や紫色の散乱光が目に届く

空が青いのは，空気分子が青色の光を散乱させるから

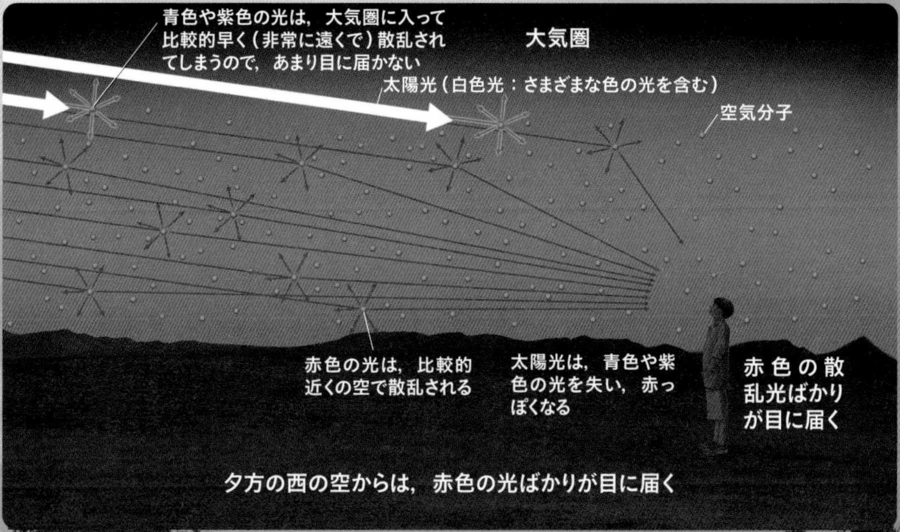

青色や紫色の光は，大気圏に入って比較的早く（非常に遠くで）散乱されてしまうので，あまり目に届かない
大気圏
太陽光（白色光：さまざまな色の光を含む）
空気分子
赤色の光は，比較的近くの空で散乱される
太陽光は，青色や紫色の光を失い，赤っぽくなる
赤色の散乱光ばかりが目に届く

夕方の西の空からは，赤色の光ばかりが目に届く

空の色にかかわる散乱

空気分子によって太陽光が散乱されることで，空が色づいて見えます。光の波長（色）によって散乱されやすさがことなるため，太陽光が目に届くまでの距離によって見える色も変わってきます。

可視光の「七色」
波長が短い
波長が長い

可視光（波長：約400 〜 800ナノメートル）

人間の目に見える光は，波長の短いほうから紫，藍，青，緑，黄，橙，赤となります。

空気の層の温度差が蜃気楼を生みだす

遠くの景色が近くに見えたり，海に逆さまのビルが浮かんで見えたりといった現象を「蜃気楼」といいます。蜃気楼は，空気中で光が屈折することでおこります。ここでは，暑い日に見られる蜃気楼の一種である「逃げ水」を例にみていきましょう。

逃げ水は，暑い日にアスファルトの道路の先に，水のようなものや遠くの景色が映って見えたりする現象です（右の写真）。近づくと見えなくなってしまうため，「逃げ水」とよばれます。

暑い日には，空気はアスファルトの地面に熱せられるため，地面に近いほど高温になります。高温になった空気は膨張して，空気中の分子の密度が小さくなります。光を幅のある帯で考えると，密度の小さな地面に近いほうが速度が速く，上にいくにしたがって密度が大きく，速度も遅くなります。このため，光は上に向かって曲がります。

しかし人間の目は，光がまっすぐきたと認識します。そこで，**ほんとうは上方の空の景色などが曲がって目に届いているにもかかわらず，地面からまっすぐ目に届いたと認識してしまうのです。**蜃気楼は温度のことなる空気の層の重なり方や温度差などのちがいで，さまざまな見え方をします。

ちなみに，蜃気楼の「蜃」とは想像上の生き物で，大ハマグリのことをいいます。古くは，この大ハマグリが気を吐いて，楼台（高い建物）をつくりだしていると考えられていたそうです。

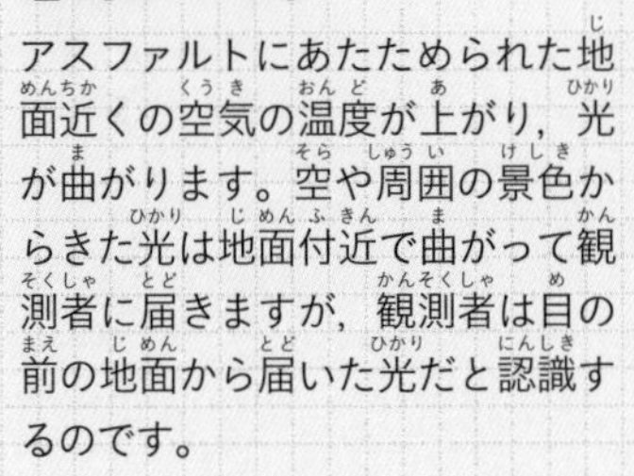

逃げ水は空気による屈折がつくる

アスファルトにあたためられた地面近くの空気の温度が上がり，光が曲がります。空や周囲の景色からきた光は地面付近で曲がって観測者に届きますが，観測者は目の前の地面から届いた光だと認識するのです。

暑い日に見られる蜃気楼の一種「逃げ水」

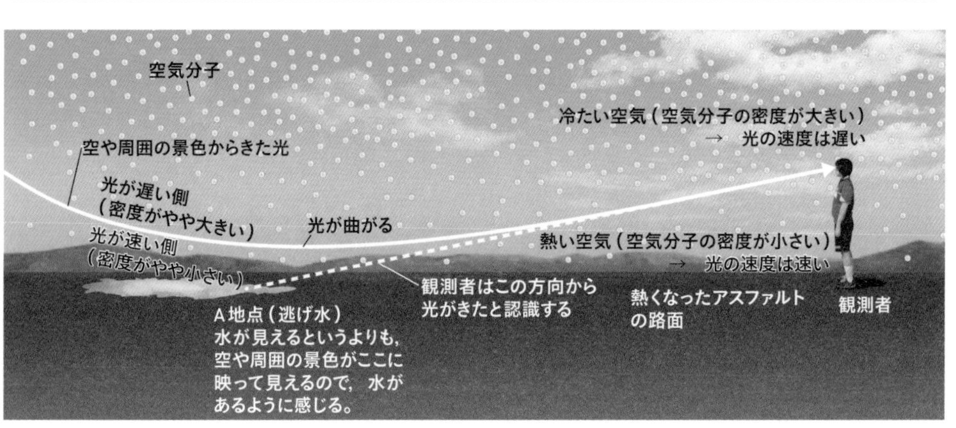

オーロラは，原子の“興奮”がおさまるときの光

主に北極や南極などで見られる，上空に美しい光があらわれる現象を「オーロラ」とよびます。地球だけでなく，木星などでもオーロラは発生しています。

オーロラの出現には太陽が関係しています。太陽は，電子や陽子（水素イオン）などの荷電粒子からなるプラズマガス「太陽風」を放出しています。地球にやってきた太陽風の粒子は，地磁気から力を受けて南極や北極などに運ばれ，大気中の原子・分子（酸素や窒素など）の電子と衝突します。

すると，原子・分子の中の電子は高いエネルギーの軌道にはね上げられます。このときの原子・分子は，いわば“興奮状態”のような状態（励起状態※）です。高いエネルギーの軌道にいる電子は，物がつねに下へ落ちるのと同じように，しばらくすると低いエネルギーの軌道に乗り移り，励起状態の原子・分子はもとの状態（基底状態）にもどります。

このとき，軌道のエネルギー差に相当するエネルギーをもつ光（電磁波）が放出されます。これがオーロラの発光です。**オーロラは，発生源の原子や分子の種類によって，赤や緑など，ことなる色に輝きます**。

太陽風がオーロラを生む

右下は，オーロラ発生のイメージです。太陽風の電子がぶつかることで，地球の酸素原子が励起状態になり，原子が基底状態にもどるときに発光します。北半球でオーロラが観測できる地域は，カナダや北欧，アラスカなどが有名です。太陽の活動が活発な時期は低緯度でもオーロラが発生し，日本の北海道でも観測されることがあります。

※：原子・分子のエネルギーが，もとの状態（基底状態）よりも高い状態のこと。

太陽風（オーローラを発生させる原因）

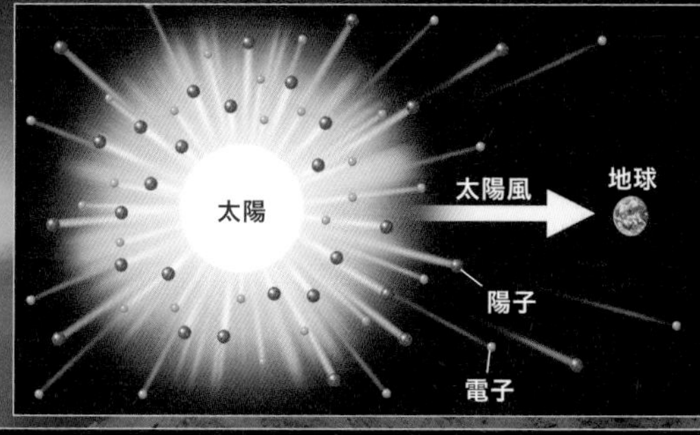

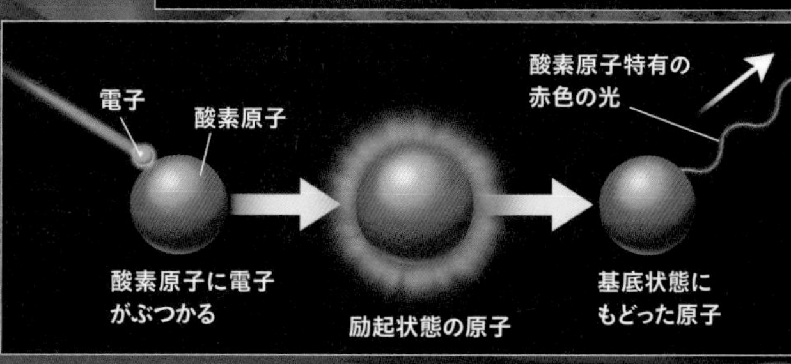

オーロラの発光の原理

オーロラの主な色のうち，赤色と緑色は酸素原子，ピンク色は窒素分子が発する光です。

雲の中の氷晶が“雷のもと”になる

空に走る稲光は，美しくもおそろしいものです。**雷は，積乱雲とよばれる巨大な雲から発生します**。雲の内部や雲と地面との間で大きな電圧(電位差)が生じたときに，その状態を解消するように空気の中を電流が流れる「放電」がおこります。空気は本来，電流を流さない絶縁体ですが，非常に高い電圧をかけられると瞬間的に電流が流れることがあるのです。

放電には，雲と大地の間で放電する「対地放電」と，雲の中で放電が完結する「雲放電」があります。「落雷」とよばれるものは「対地放電」で，地面と雲との間を流れる電流の通り道が光って見えます。これが稲光の正体です。

雲の中で電気を生むもとになるのは，雲を構成する小さな氷の結晶(氷晶)です。空気が上昇していくと，上空で冷やされて，空気中の水蒸気は水滴や氷晶となり，雲ができます。上昇気流によって冷やされた水滴は，やがて小さな氷となり，まわりの水蒸気を取りこみながら急激に成長して，あられとなります。あられと氷晶が雲の中でぶつかり合うと，プラスとマイナスの電気に分かれます。これによって電流の通り道が生まれるのです。

電流の通り道が光って見えるのは，オーロラ(前ページ)と同じ理由です。電流とは，電気をおびた粒子(電子やイオンなど)の流れのことです。電子が衝突すると，空気中の分子などが励起状態になります。この状態がおさまるときに，光を放出するのです。

では，音(雷鳴)が発生するのはなぜでしょう。電流の流れる道では，そこにある空気が，一気に数千℃程度の高温になります。すると，空気は音速をこえる速さで膨張し，これによって周囲の空気が急圧縮され，衝撃波が発生します。このときの音が，「バリバリバリッ」という爆発音のような雷鳴となって聞こえるのです。遠くの雷が「ゴロゴロ」と聞こえるのは，音が空気中を進む間に雲などで反射されるからです。

稲光は電流の通り道

電流は湿気の多いところや原子や分子の多いところなどの，比較的電気の通りやすい，より抵抗が少ない道を通ります。そのため，稲光はジグザグに進むのです。

①電気をおびる → ②弱い放電 → ③大きな電流

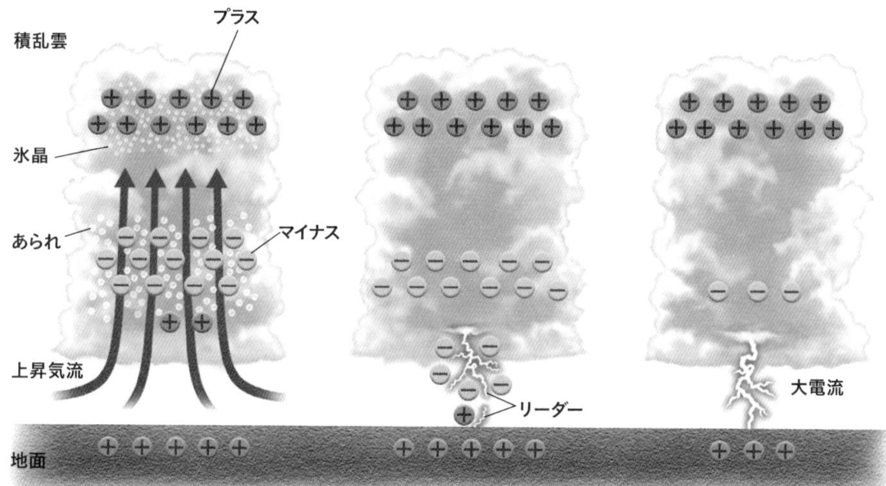

雷が発生するしくみ

典型的な夏の雷が発生する過程です。①積乱雲の上層に氷晶（プラスの電気），下層にあられ（マイナスの電気）が集まります（最下層の一部はプラスの電気をおびる場合もあります）。積乱雲の下の地面では，下層のマイナスの電気に引き寄せられてプラスの電気が集まります。②雲の下のほうから「リーダー」（弱い放電）が枝分かれしながら地面に向かって進みます。リーダーが地面に近づくと，地面からもリーダーがのびます。③上下のリーダーがつながると電流の通り道ができ，大きな電流が流れます。

シャボン玉の表面が7色に光る理由

石けんや洗剤をとかした水でできたシャボン玉は本来，無色透明です。ところが空中に浮かんだシャボン玉には，虹のような模様が見えます。**この現象には光が波であることが関係しています。**

シャボン玉の膜は拡大すると厚みがあり，光はその両面で反射します（右ページ右の図）。シャボン玉に光が当たると，一部の光はシャボン玉の薄い膜の表面で反射しますが，一部は膜の中に入ります。膜の中を進んだ光の一部は，膜の底面で反射し，ふたたび膜の表面へとやってきて，表面から出ていきます。つまり，シャボン玉の「膜の表面で反射した光」と「膜の奥まで進んで底面で反射した光」が，膜の表面で合流してから，私たちの目に届いているのです。

膜の表面で合流した二つの光は，もとは同じ光（太陽光）です。ところが膜の底面で反射した光は，膜を往復した分だけ，わずかに長い距離を進んでいます。その結果，両者の間で，波の「山や谷の位置」（位相）がずれます。**すると合流した二つの光の波は，山どうしが重なって強め合ったり，山と谷が重なって弱め合ったりするのです。この現象を「干渉」といいます。**

無色透明のシャボン玉の表面に虹のような模様があらわれるのは，干渉で強め合ったり弱め合ったりする波長（色）が場所によってことなるからなのです。

CD表面の7色も同じ原理

CDやDVDなどの表面にも7色の模様が見えます。これらは，ディスク表面に並ぶ微小な凹凸で反射した光の干渉によってつくられる色です。干渉は波全般におきる現象ですから，音にもおきます。たとえば野外のコンサート会場で，ステージの左右に置かれた二つのスピーカーから同じ音が出ているとします。その場合，音の波が干渉するため，会場内では波が強め合って音量が大きく聞こえる場所と，逆に弱め合って小さく聞こえる場所が生じることになります。

強め合う干渉，弱め合う干渉

二つの波AとBが干渉する場合，山どうしや谷どうしが重なって強め合う場合（上側）と，山と谷が重なって弱め合う場合（下側）があります。

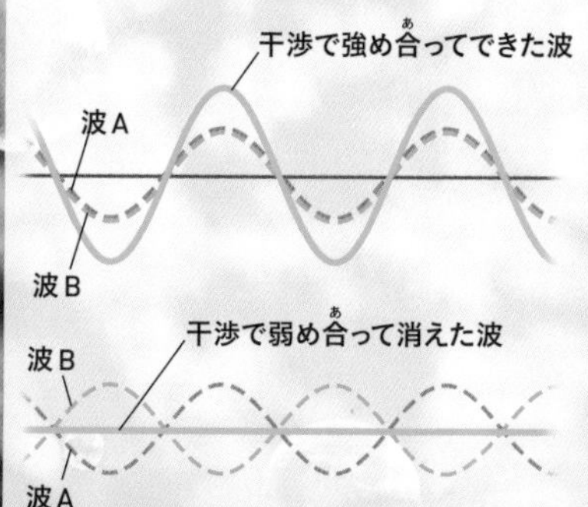

シャボン玉の膜でおきる光の干渉

シャボン玉の膜の表面では，二つのことなる経路を進んだ光が干渉し，特定の波長（色）の光が強め合ったり弱め合ったりします。その光が，観測者の目に届きます。

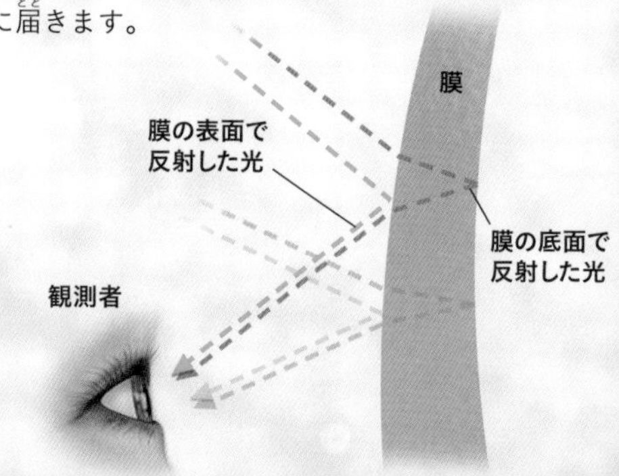

宝石は，ちょっとしたちがいで色が変わる

不純物の存在で発色が変わる

酸化アルミニウムを主成分とするコランダムの結晶の一部です（球の大きさは模式的なもの）。不純物として含まれる金属原子は，一部のアルミニウム原子と置きかわります。その結果，吸収する光の波長が変わり，発色が変化します。

ルビーの発色
（不純物はクロム）

コランダムの基本となる
八面体（無色透明）

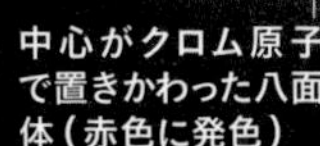

中心がクロム原子
で置きかわった八面
体（赤色に発色）

赤いルビーや緑色のエメラルドなど，宝石にはさまざまな色があります。この色のちがいは，どこから生まれるのでしょうか。

物体に色がついて見えるのは，太陽や照明など物体に当たる白色光の一部の波長領域が吸収・反射されるためです。**宝石となる鉱物では，含まれる微量の元素（不純物）などが，吸収または反射する波長領域に影響して多彩な色を生みだしています。**

たとえばルビーとサファイアは，どちらも「コランダム」という鉱物です（下の図）。アルミニウムと酸素だけからなる純粋なコランダムは無色透明ですが，不純物が含まれると多様な発色を示すようになります。この場合の不純物はルビーがクロム，サファイアが鉄とチタンです。これらがアルミニウムと置きかわることで，それぞれ赤や青に見えるのです。

また，**不純物が同じでも，原子の規則的な並び方（結晶構造）のわずかなちがいで，まったく別の色になることもあります。**たとえば，エメラルドは「ベリル」という鉱物の一種で，ルビーと同じくクロムを不純物として含みます。エメラルドとルビーの結晶には，どちらもクロム原子が6個の酸素原子に囲まれた八面体の構造があります。しかし，両者の形は微妙にことなっており，そのわずかなちがいによって吸収する光の波長の領域がずれてしまい，ルビーは赤色に，エメラルドは緑色に見えるのです。

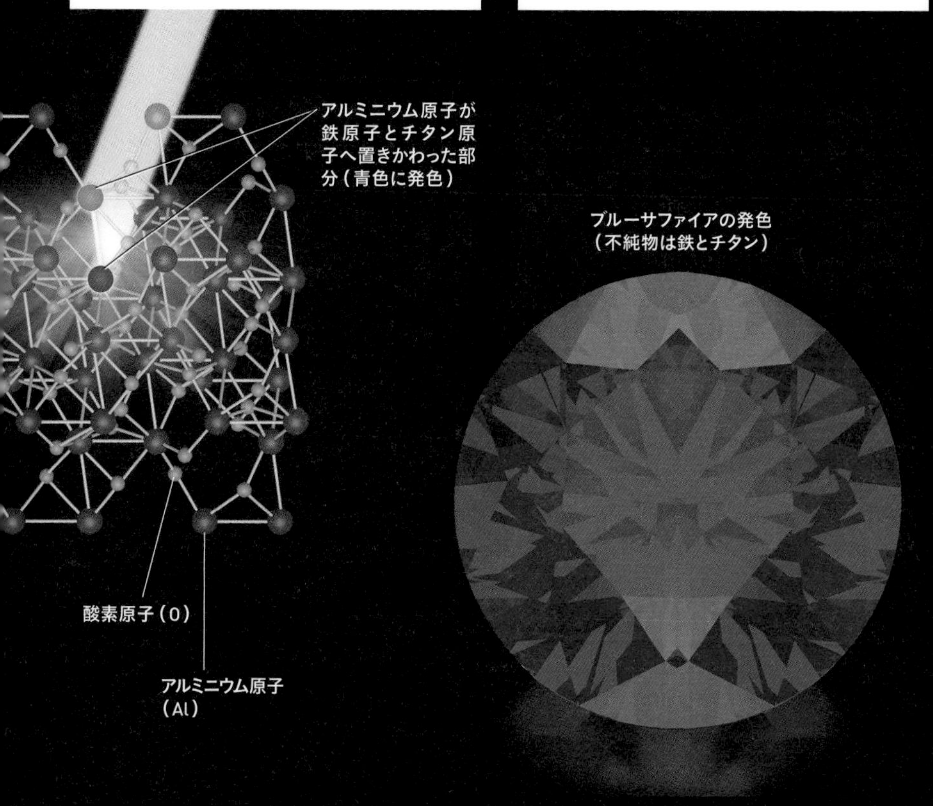

ダイヤモンドの輝きを決める「反射」と「屈折」

全反射しやすいダイヤモンド

ダイヤモンドは25〜90度で全反射がおきるため透過する光が少なく，反射光でキラキラと輝きます。

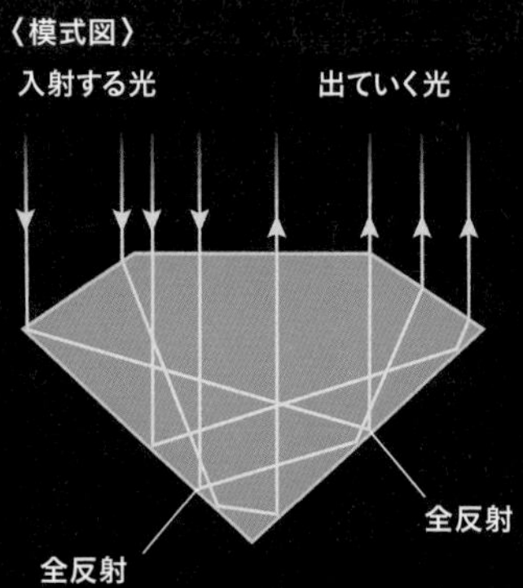

水面でおきる反射と透過

透過光と反射光の割合は，光の入射角によって変わります。入射光のすべてが反射光になる「全反射」がおきはじめる角度は「臨界角」とよばれます。水の内部では，入射角が48〜90度のとき，全反射がおきます。

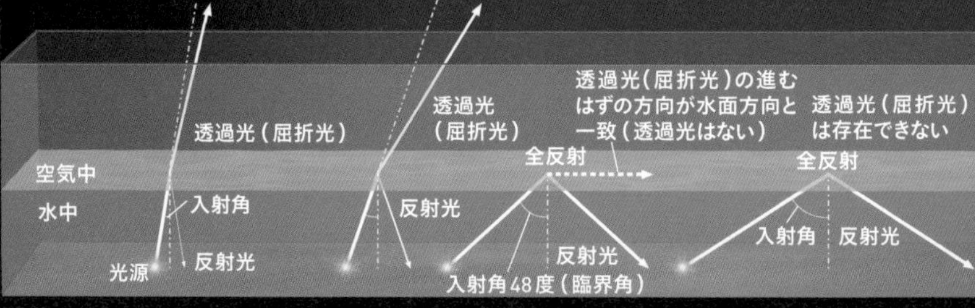

注：反射光と透過光の割合は矢印の太さで示しました。

一般に光は物質の境界面で，一部は「反射」し，残りは「屈折」して進みます。この現象を水を例にみていきましょう。水の中に光源を置くと，一部の光は屈折しながら水面を透過し，残りの光は反射されて水の中にもどります。透過光と反射光の割合は，光が入射する角度（入射角）によって変わり，入射角が大きくなると反射光が多くなっていくことが知られています。

入射角が48度に達すると，透過光が進むはずの方向は水面と一致してしまい，入射した光はすべて反射することになります（左下の図）。これが「全反射」です。**全反射がおきはじめる角度は「臨界角」とよばれ，物質によってことなります。**

臨界角が小さいことで輝いているのがダイヤモンドです。ダイヤモンドは25～90度で全反射がおきます。**そこで宝飾用のダイヤモンドの多くは，多くの光が底面で全反射するようにくふうされた「ブリリアントカット」という方法でカットされています。**底面を透過していく光が少ないので，反射光でキラキラ輝くのです。

またダイヤモンドは白色光を色ごとに分けるので，さまざまな色にきらめいて見えます。

ブリリアントカットのダイヤモンド

右下の写真はダイヤモンドの原石，左は宝飾品用に加工（カット）されたダイヤモンドです。宝飾品のダイヤモンドはカットすることでより輝きます。

金が「金色」なのは相対性理論のおかげ！

金は相対性理論の効果で青い光を吸収する

金は原子核に数多くの陽子をもっているため，電子は陽子に強く引きつけられて大きな速度で運動します。すると，相対性理論の効果が無視できなくなり，吸収する光のエネルギー（色）が変化します。金原子は青緑色よりも波長が短い光を吸収し，黄色〜オレンジ色の光を反射します。そのため，金は黄色っぽい「金色」を示すようになるのです。

「特殊相対性理論」は，光速に近い速さで物体が動くときに，時間の遅れや空間のちぢみなど，摩訶不思議な現象がおきることを示した理論として有名です。

私たちの身のまわりには光速で運動するものなどほとんど存在しないため，日常生活で特殊相対性理論の効果を感じる場面はないように思います。しかし，意外なことに「金」が「金色をしている」ことを説明するには，相対性理論の影響を考える必要があるのです。

原子番号79の金では，原子核に陽子が79個含まれています。原子核の周囲に存在する電子は，原子核に含まれる陽子の正の電荷に引きつけられながら運動しています。すると，原子核に含まれる陽子の数が多くなる，つまり原子番号が大きくなるほど，電子の速度は速くなります。

大ざっぱな近似では，原子番号Zの元素がもつ電子のうち最も内側の軌道をまわる電子の速度は，$\frac{Z}{137}c$（cは光速）とあらわせます。これをもとに計算すると，金の最も内側の電子の速さは，なんと光速の58%にも達します。これほど速く運動すると，相対性理論の効果が無視できなくなるのです。

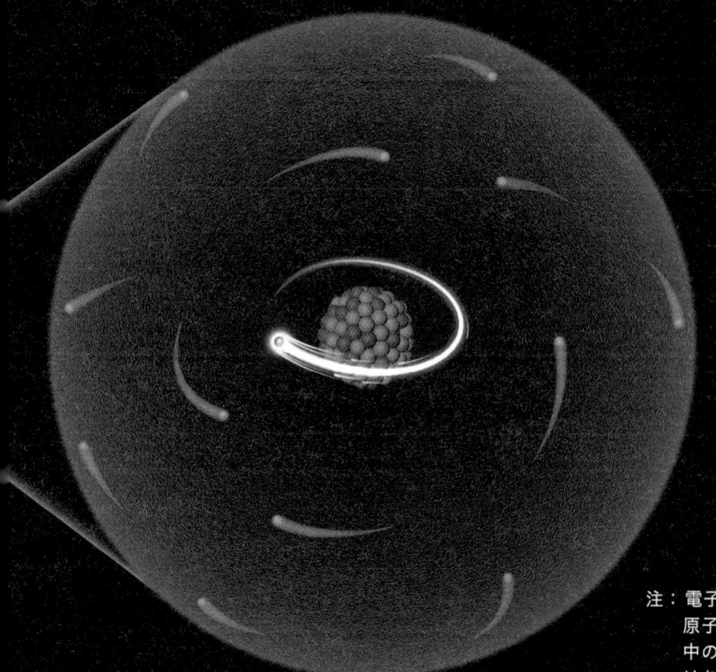

注：電子の大きさや電子と原子核の距離など，図中のスケールは正確ではありません。

空と海では青い理由がちがう

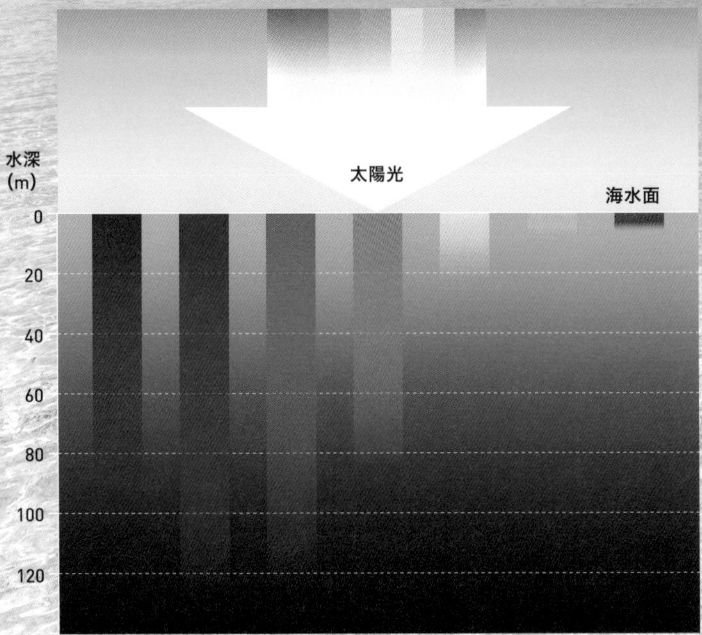

太陽光が届く範囲

光が海水中を進むことのできる距離は波長（色）ごとにことなり，私たちが赤色やオレンジ色だと感じる光は10メートルも進めません。青色や藍色の光は，百数十メートルくらいまでなんとか届きます（表層の1％程度)。なお，到達距離は海水の透明度によって大きく変わります。

海が青く見える理由は空とはことなり，水が吸収する光と関係しています。太陽からの白色光には，さまざまな波長（色）の光が混ざっています。この白色光を10メートルくらいの深さまで水の中に通すと，太陽光に含まれる赤の成分は吸収されてしまいます。そのため，海の中は全体的に青っぽい光になります。その光が水の中で散乱されて，目に届く光となるのです。

光が海水中で進むことのできる距離は，色（波長）によってことなります。青色や藍色の光は，百数十メートルくらいまではなんとか届きますが，それ以上深くなると暗闇になります。光が届かない200メートルより深い海の領域は「深海」とよばれています。

海の色は場所によっても少しずつちがいます。海水には塩素やナトリウムなどいろいろな元素がとけこんでおり，光の吸収に関係しています。それらの不純物は場所によってことなります。また透明度や海の深さなども影響して，海は場所ごとに微妙にことなる色を見せるのです。

エメラルドグリーンの海

沖縄の海は青ではなく「エメラルドグリーン」と形容されることがあります。浅い領域は赤い光も吸収されずに見えることや，海底が白い砂であること，プランクトンが少なく透明度が高いことなどがその理由です。

潮の満ち引きは月の引力でおきる

遠浅の海では，干潮のときに歩いてたどりつけた岩場が，潮が満ちると水の中につかってしまうことがあります。**こうした潮の満ち引きは「潮汐」といい，太陽や月の引力の影響によっておこります。**

地球と月はある点（共通重心）を中心にして，たがいに回転運動をしています。これを「地球と月の公転」とよびます。この公転によって，地球には月と反対の方向に遠心力が生まれます。また，地球は月方向に対して，月からの引力を受けています。**月から遠い側は公転による遠心力が大きく，月に面している側は，月の引力のほうが大きくなります。この力の差が，潮汐を引きおこす「起潮力」となるのです。**

起潮力によって，月に面した側とその反対側は満ち潮となり，海水がほかのところにくらべて多く集まります。地球の自転によって，普通は干潮と満潮がそれぞれ1日に2回おきます。

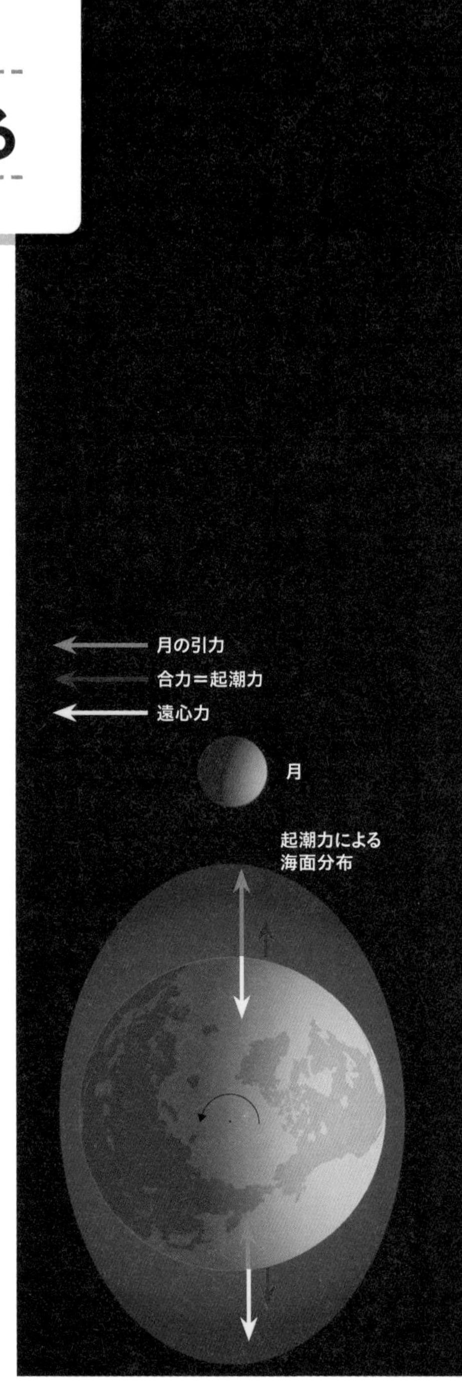

地球と月の公転による遠心力と起潮力の関係

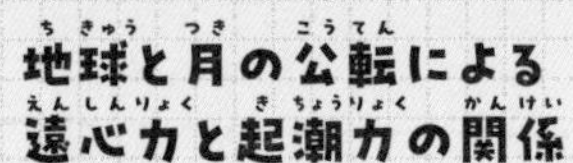

「地球と月の公転」によって，地球には月と反対方向に遠心力，月の方向に引力がはたらきます。そして月の反対側は遠心力，月側は引力がやや強くなります。この差が干満を引きおこす「起潮力」です。また干満の差には，太陽の引力も影響しています。

大潮

太陽と地球と月が一直線に並ぶ満月と新月のときには，干満の差が最も大きくなり，「大潮」とよばれます。月の起潮力は太陽の起潮力により増幅されます。

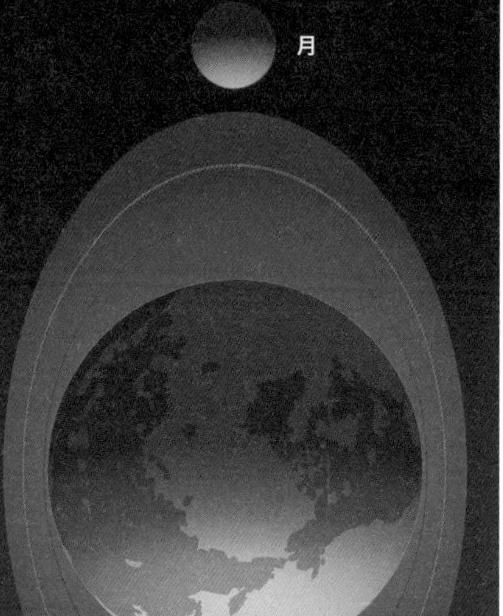

月

小潮

太陽と月が地球を中心にして直角に位置するときには，太陽の起潮力と月の起潮力ははたらく方向がちがうので打ち消し合い，干満の差が最も小さくなります。

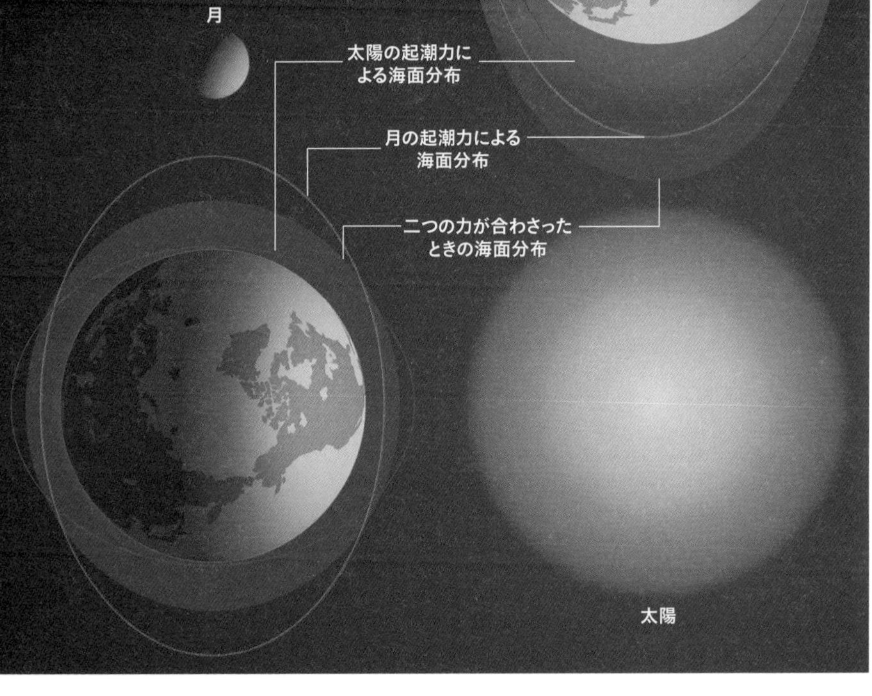

地震からみえてくる地球の内部構造

地球の中心には固体の鉄・ニッケルの内核があり，そのまわりに液体の鉄・ニッケルの外核，さらにその外側に岩石のマントルがあります。最も外側を地殻がおおい，その上で私たちが暮らしています。

ところで，**地球の内部は直接見ることができないのに，なぜ構造がわかるのでしょうか**。その方法の一つが，地震波の解析です。

地震が発生すると，地球上のさまざまな場所に設置された地震計によって，その場所にP波，S波がいつ到達したかがわかります。P波はどんな物質の中も伝わりますが，S波は液体の中は伝わりません。したがって，震源から見て地球の裏側に近い場所には，S波は直接到達しません。このような観測事実から，地下2900キロメートルより深いところには，液体からなる層（外核）があることなどがわかったのです。

地球内部の対流（右）

マントルは黄色の場所ほど高温で，茶色い場所ほど低温です。日本の地下には，日本海溝から沈みこんだ冷たいプレートが，アフリカ大陸と南太平洋の下には，巨大な熱い上昇流があることなどがわかっています。

1980年代以降は，地球内部を3次元的に“透視”する「地震波トモグラフィー」が発展しました。**地震波トモグラフィーは，地球内部を通ってきた地震波を用い，医療現場で使われるCTスキャンのように，内部のようすを“見る”技術です**。この技術で明らかにされた地球内部のようすを，右に示しました。

外核の直上に横たわるスラブ

地下に沈みこんだプレートを「スラブ」といいます。スラブには地殻由来の放射性物質が大量に含まれています。この崩壊熱や核からの熱によってあたためられたスラブは，膨張して軽くなり，いずれは上昇流になると考えられています。

滞留する沈みこんだプレート

沈みこんだプレート（スラブ）が，深さ660キロメートルほどの場所で滞留しています。上部マントルにくらべて下部マントルは密度が高く重たいため，スラブは沈みこめずにそこで滞留してしまいます。

崩落するスラブ

地表で冷却されて重くなったスラブは，マントル中を下降してマントルの最下部にまで達します。

アフリカ大陸の下の熱い上昇流

この上昇流によって，アフリカ大陸も将来「大陸分裂」をおこすかもしれません。

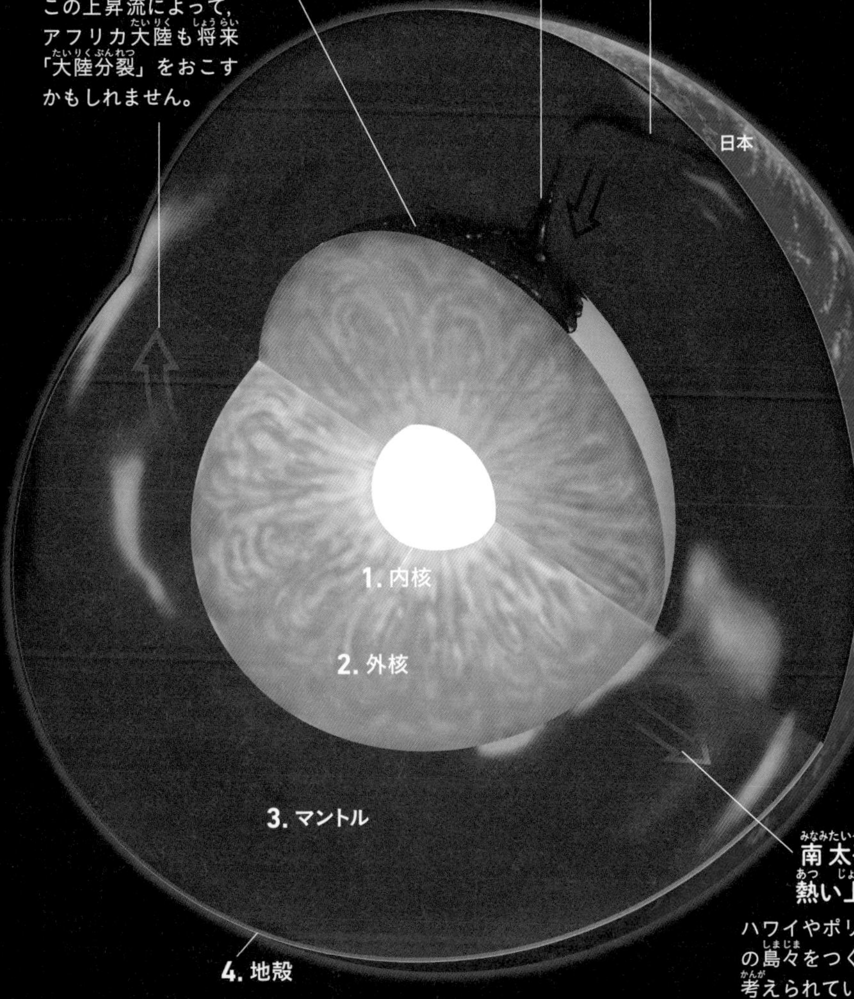

南太平洋の熱い上昇流

ハワイやポリネシアの島々をつくったと考えられています。

参考資料：Fukao Y, et al. Stagnant Slab: A Review. Annu Rev Earth Planet Sci. 2009; 37: 19-46.

生き物が地球で暮らせるのは磁場のおかげ

地磁気は弱まりながら逆転していく

地球の内部に巨大な棒磁石があると仮定し，地磁気（磁力線）の向きは，N極からS極に向かう矢印であらわしました。棒磁石の両端をのばしたときに地表とぶつかる2点を，「地磁気極」といいます。この2点は，北極点と南極点（自転軸と地表の交点）とは通常一致しません。

地磁気が逆転する際には，地磁気の強度が弱まり，向きが不安定になり，やがて現在と逆向きの強度が強くなっていくと考えられています。なお，地磁気の形状は，太陽からやってくる電気をおびた粒子の影響を受けて非対称になります。

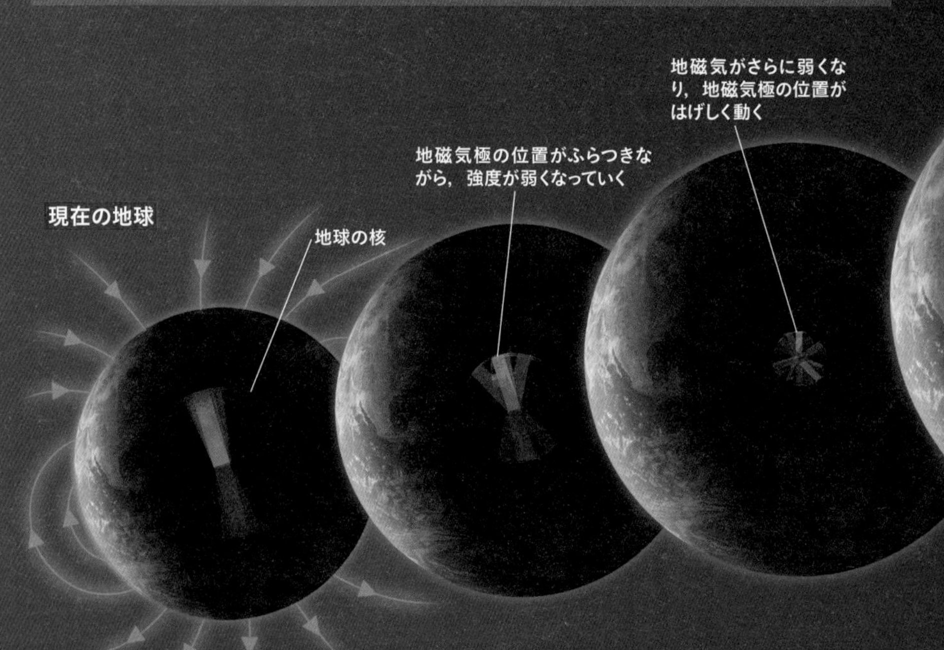

地球の核のうち，外側の外核は高温の液体金属です（前ページ）。**液体金属の活発な対流運動は，地球に磁場を生みだしています**。地球の磁場を，地球の中心にある棒磁石がつくっているとみなすと，そのN極が南，S極が北を向いています。

地球の磁場の最も大切な“役割”は，生物にとって有害な，太陽から放出される荷電粒子「太陽風」などの宇宙線が，地表に到達するのをさまたげること（シールド効果）です。このシールドを「磁気圏」とよびます。

太陽風は直接地上には降りそそぎませんが，一部は磁力線に沿って地球の極域に流れこんできます。このとき，大気中の粒子と衝突して発光するオーロラ現象をおこします（18ページ）。

地球磁場は，数十万年程度でくりかえし逆転したことが知られています。しかし過去の逆転期にどのような影響があったのかは不明で，今後の重要な研究課題の一つです。

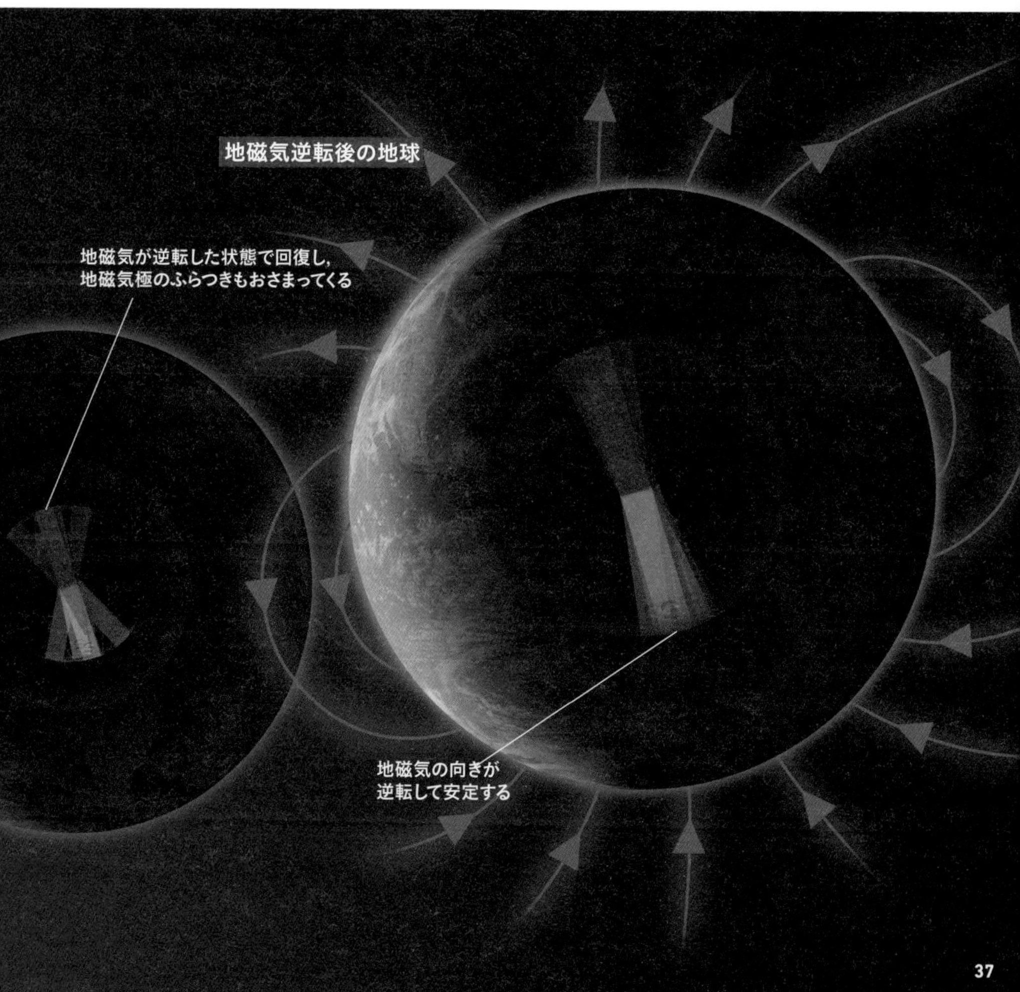

年代測定のカギをにぎる 放射性同位体

地球が誕生したのが約46億年前，恐竜が絶滅したのが約6600万年前など，過去の出来事のおおよその年代はわかっています。これらを調べる方法の一つが，「放射性同位体」による年代測定です。

物質の基本単位である原子の中心には，陽子と中性子が集まってできた原子核があります。原子の性質（元素の種類）を決めるのは陽子の数ですが，同じ元素でも中性子の数がことなるものを「同位体」といいます。同位体の中には不安定なものがあり（放射性同位体），そのような同位体の原子核は，別の種類の原子核へと変化します。

放射性同位体が崩壊をおこし，もとの個数の半分になるまでの時間を「半減期」といいます。半減期は放射性同位体ごとに決まっているため，放射性同位体は過去の出来事がいつおきたのかを推定するのに利用されます。その一つが「炭素14（^{14}C）年代測定法」です。

炭素14は，陽子6個と中性子8個からなる原子核をもつ放射性同位体です。大気中の炭素のほとんどは，中性子が6個で安定している炭素12です。しかし炭素1兆個に1個程度の割合で，炭素14が含まれます。大気中の炭素14は普通の炭素と同じように，光合成によって植物に取りこまれ，食物連鎖によって動物に取りこまれます。生物の遺骸が発掘されたとき，遺骸の炭素に炭素14がどれだけの割合残っているかを調べると，その生物がどれくらい前に死んだのかを知ることができます。生物が死ぬと，炭素が新たに生物の体に取りこまれることがないため，遺骸の炭素14の割合は減る一方だからです。

炭素14の半減期は，およそ5730年です。たとえば，大気中の炭素に含まれる炭素14の割合と比較して，発掘された生物の遺骸の炭素に含まれる炭素14の割合が半分だったとしたら，その生物は5730年前に死んだことになります。

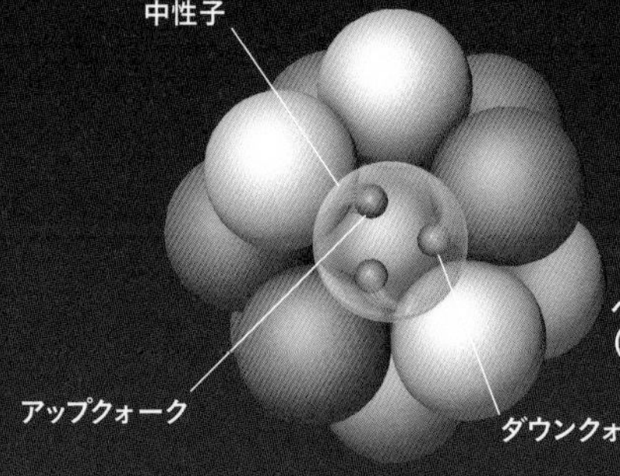

炭素14の変化

炭素14（^{14}C）は，原子核の中性子が陽子に変わると，窒素14（普通の窒素，^{14}N）に変わります。

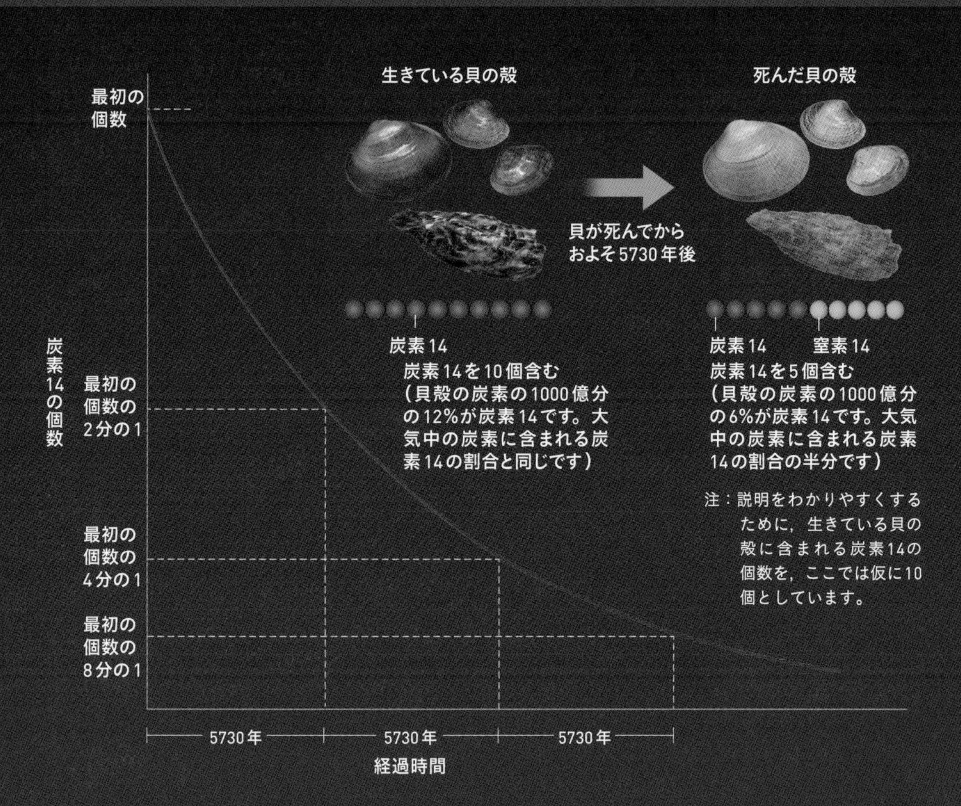

注：説明をわかりやすくするために，生きている貝の殻に含まれる炭素14の個数を，ここでは仮に10個としています。

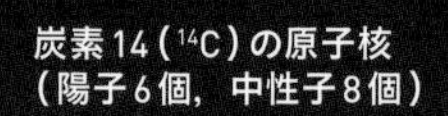

宇宙人が見ると，水は「透明でない」かも!?

水は，なぜ透明なのでしょうか？　物理的にいえば，透明な物質とは「入ってきた光が吸収・反射されず，そのまま透過する物質」のことです。

水は，可視光線と一部の紫外線（波長が約200ナノメートル以上）以外の光は，ほとんど透過させない物質です。つまり，可視光線以外の波長で見れば，水は透明ではなくなるのです。

水分子（H_2O）を構成する水素原子（H）と酸素原子（O）は，約4.8電子ボルト※1のエネルギーで結合しています。これは，波長約260ナノメートルの紫外線がもつエネルギーと同じです。光は波長が短いほど高いエネルギーをもつので，約200ナノメートルよりも波長の短い紫外線は水分子に当たると吸収されます。

波長の短いX線やガンマ線は，HやOの原子から電子をはぎとる（イオン化する）反応をおこすため，やはり水分子に吸収されます。波長の長い赤外線や電波は，HとOの結合の距離をのびちぢみさせたり水分子の回転状態を変えたりするため，水分子に当たると吸収されます。一方，可視光線は水分子に吸収されず，入射したらそのまま透過します。

人を含む地球上の生物にとって「見る」とは，太陽光がその物体に当たって反射した光を見るということです。太陽の放つ光のうち，最も強いのは可視光線です。これは太陽の表面温度（約6000℃）と関係していて，もっと高温の星は紫外線を，低温の星は赤外線を主に放ちます。私たちの目は，太陽が放つ光のうち，最も強い可視光線を効率的にとらえられるように，最適化されているのかもしれません。

もし，太陽以外の恒星※2の周囲につくられた惑星（系外惑星）に生命が存在し，その生命が可視光線以外の光を見ることができたら，その生命にとって，水は透明な物質ではなくなるのです。

※1：エネルギーの単位。電子を1ボルトの電圧で加速したときに，電子が得るエネルギーが1電子ボルト（eV）。　※2：太陽と同じように，みずからのエネルギーで輝く星。

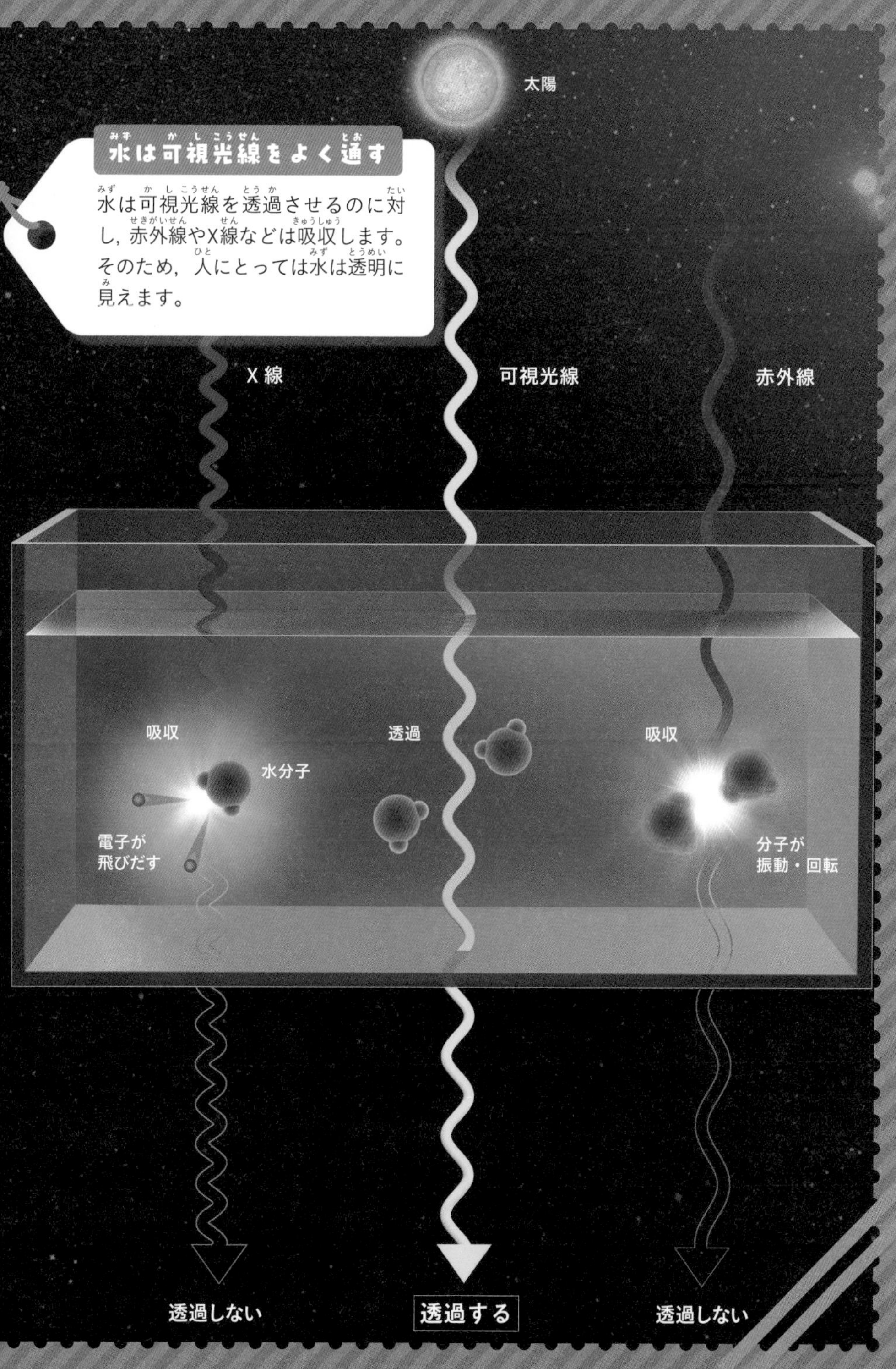
太陽
水は可視光線をよく通す
水は可視光線を透過させるのに対し，赤外線やX線などは吸収します。そのため，人にとっては水は透明に見えます。
X線
可視光線
赤外線
吸収
透過
吸収
水分子
電子が
飛びだす
分子が
振動・回転
透過しない
透過する
透過しない

2

「不思議な運動」を物理で解き明かす

プロ野球選手でも投げられない剛速球を，物理の知識を応用すれば投げることができます。また，念力で動くように見える振り子や磁石から逃げるキュウリなど，不思議な運動にも物理がひそんでいます。2章では，ちょっと不思議な物理現象にせまります。

つるつるの氷の上でも，物体は必ず止まる

摩擦力で運動が止まるとき，熱が生じている

どんな物体どうしの間でも，摩擦力は必ず発生します。氷上では，薄い水の層ができるなどして，摩擦力が小さくなりますが，それでもゼロになることはありません。カーリングのストーンは長い距離をすべりますが，必ずどこかで止まります。

摩擦力や空気抵抗によってストーンが止まったとします。このとき，運動エネルギーはゼロにまで減少しています。摩擦力によって減少した運動エネルギーは主に熱エネルギーに変換されています。空気抵抗についても同様です。物体にぶつかった空気はわずかながら温度が上がっているのです。

エネルギーには多くの種類があり，さまざまな現象によって変換されます。たとえば，太陽の光エネルギーが太陽電池パネルによって電気エネルギーに変換され，電気エネルギーがヒーターによって熱エネルギーに変換され……といったぐあいです。**変換がおきても，エネルギーの総量は変わりません。これを「エネルギー保存則」といいます。**

この法則にのっとれば，平らな道を転がるボールは，運動エネルギーを失わずに転がりつづけそうです。しかし，「摩擦力」や「空気抵抗」があるため，実際は止まってしまいます。

摩擦力は，接触した物体どうしの間にはたらく，運動を邪魔する向きに加わる力です。物体どうしが接触しているかぎり，摩擦力はゼロにはなりません。空気抵抗も，物体の運動を邪魔する力です。物体が空気を押しのけようとするとき，空気から逆向きの力を受けます。

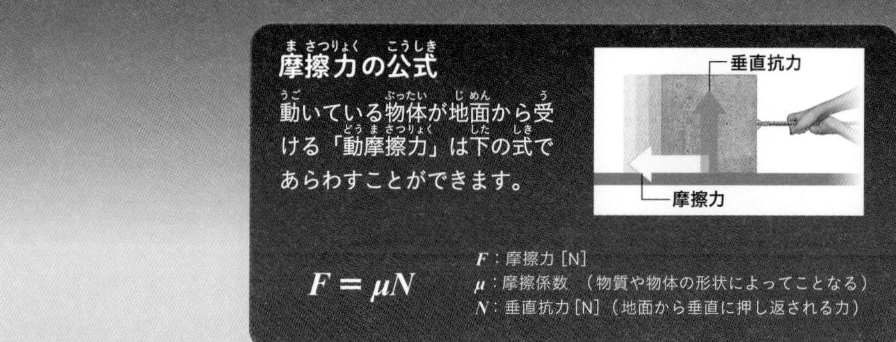

摩擦力の公式
動いている物体が地面から受ける「動摩擦力」は下の式であらわすことができます。
垂直抗力
摩擦力
$F = \mu N$
F：摩擦力［N］
μ：摩擦係数　（物質や物体の形状によってことなる）
N：垂直抗力［N］（地面から垂直に押し返される力）

注：これは物体が動いているときの「動摩擦」についての式です。なお，動摩擦係数は静摩擦係数 μ と区別するために μ' と表記します。

鉄の球も羽毛も，落ちる速度は同じ

古代ギリシャのアリストテレス（前384～前322）は，「重い物ほど速く落ちる」と考えました。しかし，この考えにガリレオ（108ページ）が異をとなえ，次のような思考実験を行いました。

重い球と軽い球をひもで結び，落下させます。重い球が速く落ちるなら，ひもでつながった軽い球がブレーキをかけるので，重い球だけのときより遅く落ちそうです。一方，二つの球の合計の重さはふえているので，重い球だけのときより速く落ちそうともいえます。同じ現象が見方を変えるとちがう結果になるのは矛盾します。このことからガリレオは，「重い物ほど速く落ちる」ということが，誤りだと考えたのです。

ガリレオは次のように考えました。**「重い物も軽い物も，本来は同じ速さで落下する。羽毛がゆっくり落ちるのは，羽毛が空気抵抗を強く受けるからだ。もし真空をつくれたら，鉄も羽毛も同じように落下するはずだ」。この考えはのちに真空ポンプが開発され，実証されます。**

ガリレオは，実際に物体が落下するようすを調べようとしました。物体の落下は速すぎて直接測定するのは困難なため，まず斜面を転がる球で落下運動を研究しました。斜面の角度を大きくしていき，最終的に斜面が垂直になれば，それが落下運動になるわけです。

ガリレオは，一定時間ごとに球が通過する地点を調べて，次の結論に達しました。「球の移動距離は，経過時間の2乗に比例する」（落体の法則）。たとえば1秒後に到達する距離を1とすると，2秒後には距離4（＝2^2），3秒後には距離9（＝3^2）の地点を通過するわけです。これは斜面の角度が大きくても小さくても変わらないことが，実験からわかっています。つまり，落下運動（斜面の角度90度）にも，そのまま当てはまるのです。

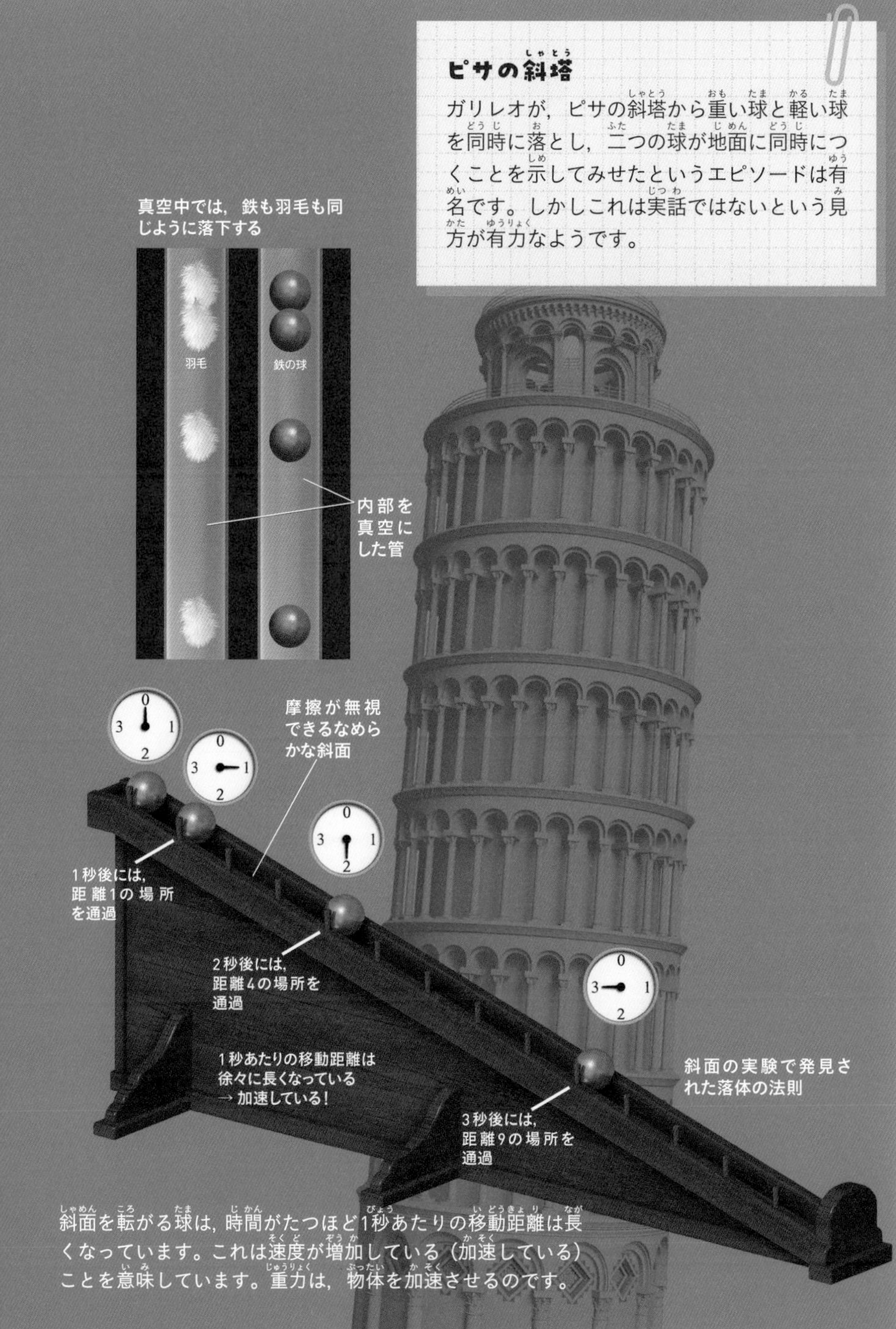

ピサの斜塔

ガリレオが，ピサの斜塔から重い球と軽い球を同時に落とし，二つの球が地面に同時につくことを示してみせたというエピソードは有名です。しかしこれは実話ではないという見方が有力なようです。

斜面を転がる球は，時間がたつほど1秒あたりの移動距離は長くなっています。これは速度が増加している（加速している）ことを意味しています。重力は，物体を加速させるのです。

無重力では砲丸もピンポン玉のように動かせる？

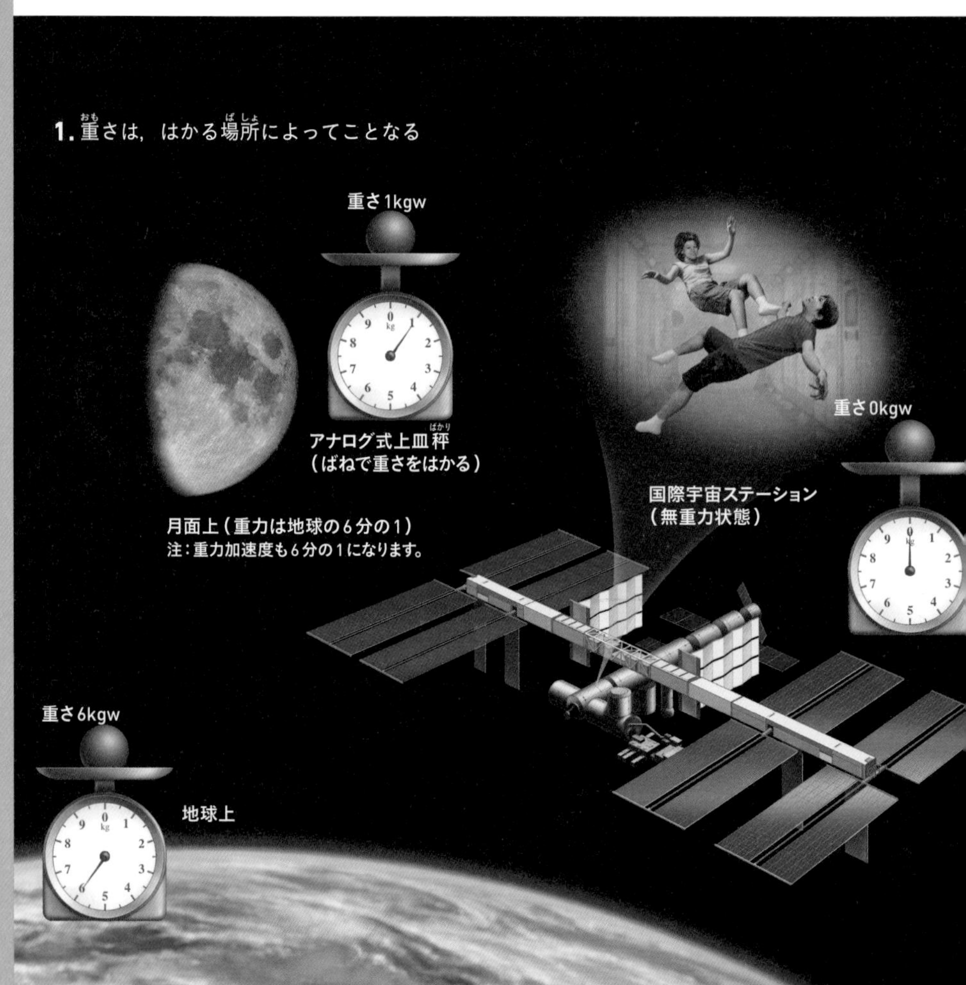

ここでは，混同されやすい「質量」と「重さ」のちがいを紹介します。

重さの単位は，日常生活では「キログラム（kg）」が使われます。しかし厳密には，これは質量の単位で，重さには「ニュートン（N）」や「キログラム重（kgw）」を使います。また，重さは場所によって変わります（**1**）。地球上で6キログラム重の物体も，重力が6分の1の月では1キログラム重になります。無重力状態の国際宇宙ステーション（ISS）の中なら，どんな物体の重さもゼロです。**つまり重さとは，物体にはたらく重力の大きさのことなのです。**

一方，**質量は，物体の動かしにくさ（加速しにくさ）をあらわす量です**。ISSの中では重さがなくなるので，ピンポン球も砲丸も，手のひらにのせるのに力は必要ありません（**2**）。しかし無重力状態でも，質量の大きい物のほうが動かしにくいのです（**3**）。

速度は見る人の立場によって変わる

プロ野球のピッチャーが投げるボールの速度は，通常は最速で時速160キロメートル台です。しかし，物理の知識を応用すれば簡単に時速200キロメートルのボールを投げる方法があります。

この方法を解説する前に，「速度」と「速さ」について説明しましょう。物理学では，この二つの言葉を区別します。「速度」は運動の向きも含めたもので，矢印（ベクトル）であらわします。「速さ」は，速度の大きさのみをあらわします。たとえば，「南西の方向に時速100キロメートル」は速度を意味し，「時速100キロメートル」は速さを意味します。

同じ物体の運動でも，その速度は見る人（観測者）によってことなります。車に乗っているとき，同じ方向に走る車が止まって見えた経験はありませんか？　同じ方向に同じ速度で2台の車が走っていれば，一方の車から見た他方の車の速度（相対速度）はゼロになります。

右のイラスト上段のように，時速100キロメートルで右に進む電車の中で，電車の中の人から見て右に時速100キロメートルでボールを投げると，電車の外で静止している人からはどう見えるでしょうか？　ボールの時速100キロメートルの右向き矢印と，電車の時速100キロメートルの右向き矢印の足し算をすると，外で静止している人から見たボールの速度は，右向きに時速200キロメートルになります。**プロの投手でも投げられないような剛速球も，速度の足し算を利用すれば，簡単に投げることができるのです。**

では，イラスト下段のように，電車の中の人から見て，左向きに時速100キロメートルでボールを投げる場合はどうでしょう？　矢印の足し算（引き算）をすると，両者が相殺されて電車の外にいる人から見たボールの速度はゼロになります。つまり，**外で静止している人から見ると，手をはなれた瞬間ボールは止まり，その後，真下に落下することになります。**

速度の足し算の式

電車の外で静止している人から見た電車の速度をV_A，電車の中の人から見たボールの速度をV_Bとすると，電車の外で静止している人から見たボールの速度Vは，「$V=V_A+V_B$」（$\vec{V}=\vec{V}_A+\vec{V}_B$）で計算できます。

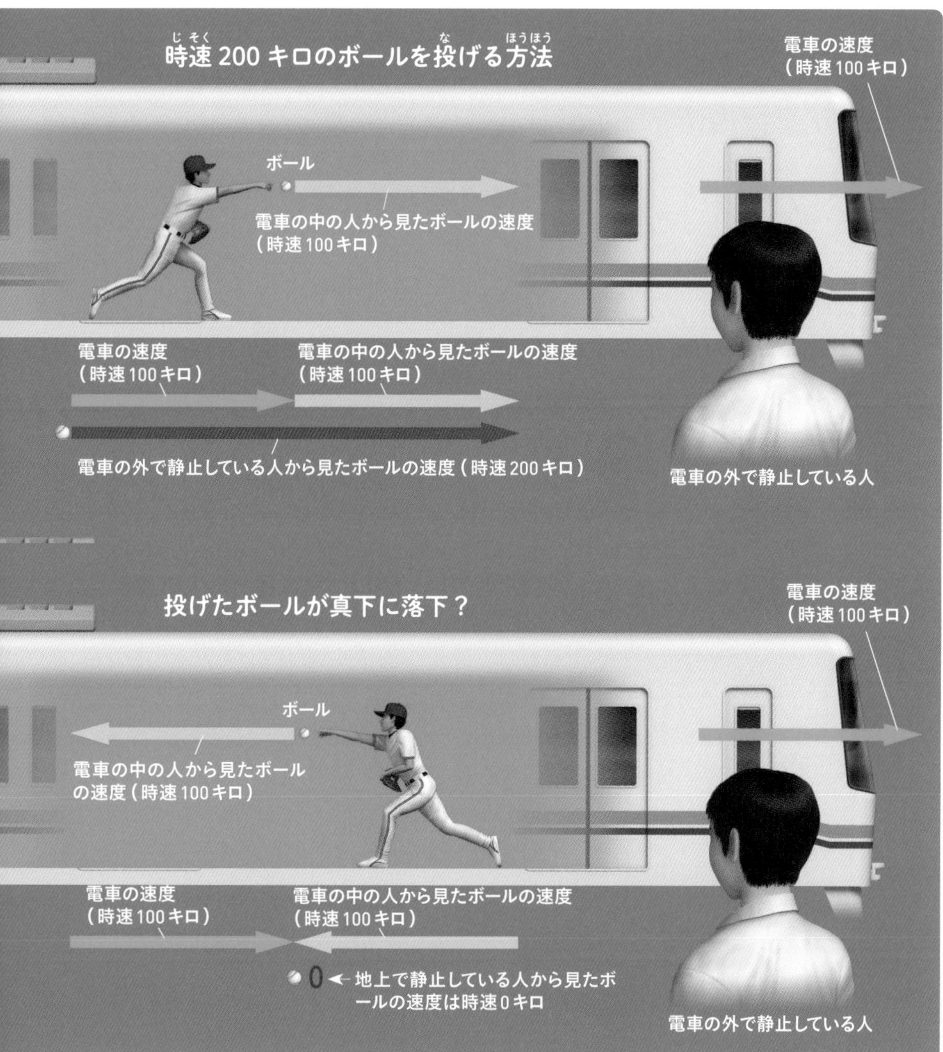

変化球も直球も，“回転”がカギをにぎる

野球の投手は，多彩な変化球をあやつって打者をおさえます。こうした魔球をつくりだすのが，回転によって生まれる「マグナス力」です。飛んでいるボールから見れば，周囲の空気は進行方向と逆向きに流れていきます。つまり，投げたボールはつねに向かい風を受けているのです。空気はボールの表面に沿って流れますが，途中で“はがれて”しまいます（右上の図）。

ボールの回転方向と空気の流れが一致している側では，流れがボールの回転に引きずられる格好になります。すると，流れがボールからはがれる場所が後方にずれます。その結果，ボール後方の流れが一方にかたよることになります。これはボールの周囲の空気が，ボールから力を受けて，流れる方向を変えられたことを意味します。このときボールは，空気から「反作用」を受けます。**つまりボールが回転することによって周囲の空気の流れを変え，その反作用としてボールが受ける力が，マグナス力なのです。**

直球でも「のびがある」などと形容される直球は，打者には浮き上がる（ホップする）ように感じられます。ホップする主な原因は「バックスピン」です。バックスピンとは，ボールの上面が進行方向とは逆向きに向かうスピン（回転）のことです。

ボールは投手の手をはなれた瞬間から，重力の影響を受けて自然に落下します。一方，バックスピンがかかった直球には，上向きにマグナス力がかかります。**直球とは，上向きのマグナス力によって，重力をある程度打ち消して，まっすぐに近い軌道で進む球なのです。**

魔球を生む「マグナス力」

一流投手はボールの回転速度と回転軸を自在にあやつり，マグナス力の大きさや向きを変えることで，さまざまな方向に曲がる魔球を生みだしています（右上の図）。また，直球の「のび」にも，マグナス力が影響しています（右下の図）。

変化球のしくみ

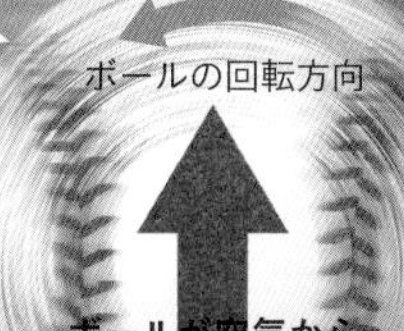

直球（ストレート）のしくみ

注：図は，捕手側から見たボールのようす。

回転軸

上向きの
マグナス力

のびのある直球
（理想的なバックスピン）

のびがあまりない直球

斜め上向きの
マグナス力

マグナス力の上向き成分
（理想的なバックスピンの
場合よりも小さくなる）

マグナス力の水平方向の成分

水平方向

回転軸
（回転軸が水平方向から
かなりずれている）

マグナス力の水平方向の成分
によって，少し軌道が曲がる
（横すべりする）

高速スピンを実現させるテクニック

フィギュアスケート競技の主な技は，ジャンプ，ステップ，スピンです。**スピン技では，選手は氷の上で目にもとまらぬ速さで回転します。そして回転しながら姿勢や足を変更し，さらに回転速度を自在にコントロールしています。**フィギュアスケート選手のスピンを見てもわかるとおり，回転する物体は力を加えなければ回転しつづけます。

回転する物体がもつ運動量を「角運動量」といいます。外から力を加えないとき角運動量は変化しません。これが「角運動量保存の法則」です。

フィギュアスケートのスピンにも角運動量保存の法則が当てはまります。そのため，選手はいつまでもまわりつづけることができるのです。ただし，実際には摩擦や空気抵抗がはたらきますので，少しずつ回転が遅くなりやがて止まることになります。

フィギュアスケートのスピンでは，途中から回転を速めることがあります。**氷をけるなど，力を加えたようすもないのに回転が速くなる秘密は，選手の腕や足の姿勢にあります。**スピンをしている選手の動きをよく見ると，スピンが速くなるときは腕や足をちぢめていることがわかります。これが回転の速さと関係しているのです。

角運動量は，「質量×回転半径の2乗×回転軸まわりの速度（角速度）」で計算されます。選手が腕や足をちぢめて回転半径が小さくなる分，それをおぎなうように（角運動量が一定になるように）角速度が上がるのです。

これは実際に体感することも可能です。たとえば，回転するいすに座り，足を前にのばした状態で回転させます。そして足を曲げて体に近づけると，いすの回転が勝手に速くなるはずです。足を体に近づけることで回転半径が小さくなるため，角速度が上がるのです。

高速スピンにひそむ物理法則

フィギュアスケートの選手は角運動量保存の法則を利用して高速スピンを実現しています。これを数式であらわすと，慣性モーメント（物体の回転しにくさ）を I，回転させる物体の質量を m (kg)，回転半径を r (m) とすると，

$$I = mr^2$$

となります。

角運動量を L，角速度を ω (rad/s) とすると，

$$L = I\omega = mr^2\omega$$

となります。

回転半径 r が小さくなったとき，L を一定に保つためには，角速度 ω が大きくならなければならないのです。

注：1rad（1 ラジアン）とは，円の半径と弧が等しくなる角度で，約 57.3° です。

美しい姿勢も重要なスピン

フィギュアスケートでは，ただ速くまわればよいわけではなく，回転姿勢のむずかしさや回転数など，さまざまな要素で得点が加算されます。選手は姿勢を変化させたり組み合わせたり，回転する足をかえたりと，さまざまなバリエーションで回転しています。

投げたボールは放物線をえがかない

投げたボールは人工衛星と同様の軌道をえがく

地球から打ち上げられるさまざまな物体の軌道の模式図です。物体の初速が秒速約7.9キロメートルに達すると，物体は円軌道で地球を周回するようになります（第一宇宙速度）。初速が秒速約11.2キロメートルをこえると軌道が放物線や双曲線になって物体は地球の重力を振り切ります（第二宇宙速度）。

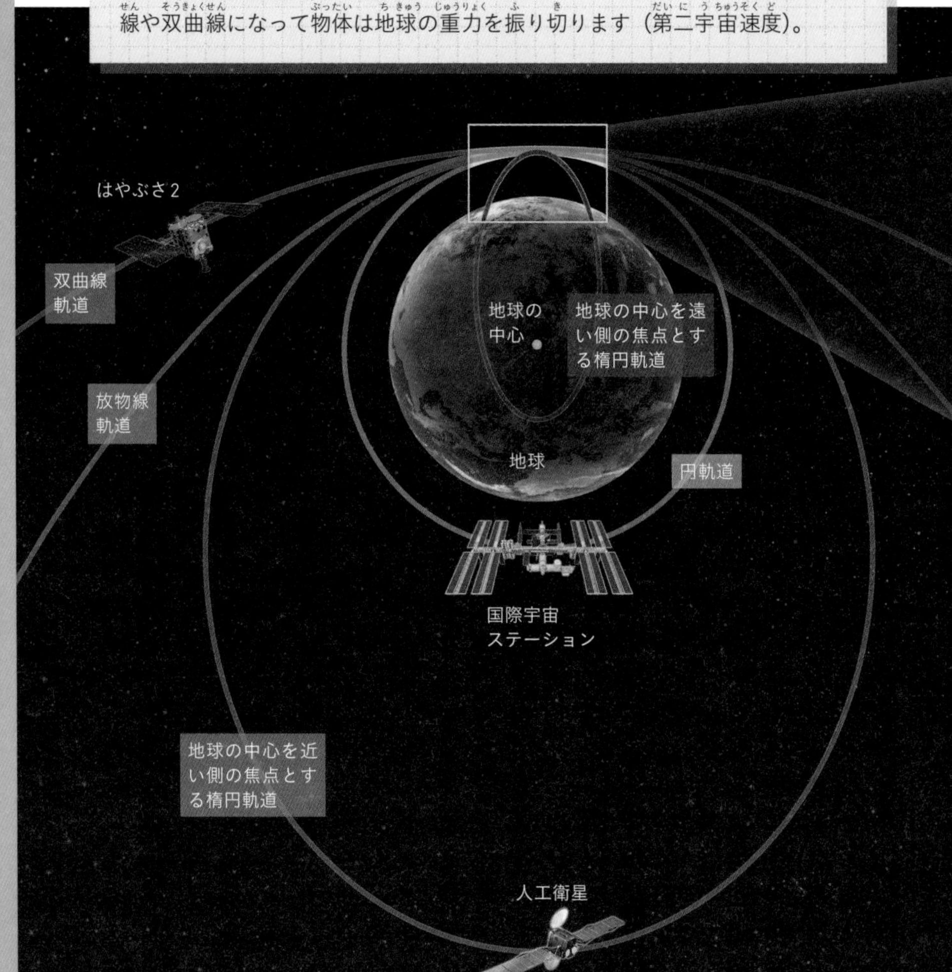

物理の授業では,「投げられたボールは放物線をえがいて飛んでいく」と教わります。しかし厳密には,これは正しくありません。地球上で重力は,つねに地球の中心を向いています。そのため,飛んでいるボールにかかる重力の向きはつねに変化しています。**そのため,地球上で空中に投げた物体は放物線ではなく,実は楕円をえがいて飛ぶことになります。**

とはいえ,日常生活の範囲では重力が一様で平行だと仮定してもまったく不都合はありません。なぜなら,重力源である地球の大きさは,投げたボールの高さや到達距離にくらべてはるかに大きいためです。このとき,地面を事実上平面とみなすことができるため,重力の向きはつねに地面に垂直と考えることができます。また,ボールの高さによって重力が変わらないと考えても,計算結果にほとんど影響はありません。

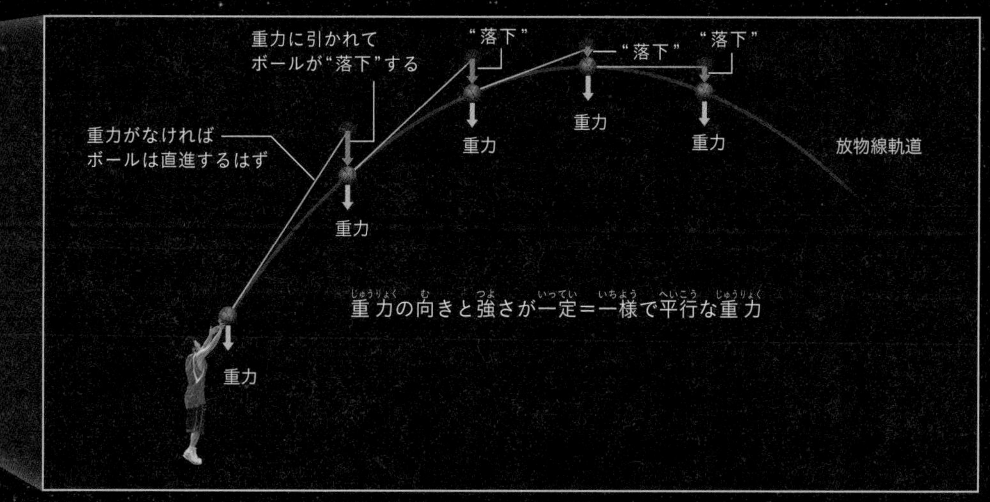

ボールの軌道は近似的には放物線にみえる

投げられた物体の軌道が放物線をえがくのは,重力の強さと向き(重力加速度)がどこでも同じ場合に限ります(上)。しかし,実際には地球は球体であり,重力はつねに地球の中心方向を向くため,ボールにかかる重力の向きはつねに変化しています。また,重力の強さも,地球中心からの距離の2乗に反比例します。そのため厳密にいえば,投げたボールは放物線軌道ではなく,楕円軌道をえがきます。ただし,地上でボールを投げる程度のスケールの運動であれば,ほとんど差はありません。大谷翔平選手が飛距離130メートルのホームランを打ったとして,それを放物線軌道と楕円軌道で考えたとしても,その差は1ミリメートルほどしかありません。

緯度が変わると体重が変わる!!

地球の形は，ほぼ球です。しかし細かくみると，実は赤道のあたりが少しふくらんで両極が少しつぶれた，みかんのような形をしています。

地球の中心から極点までの半径(極半径)が6356.752キロメートルなのに対して，中心から赤道までの半径(赤道半径)は6378. 137キロメートルです。つまり，赤道は極よりも21キロメートルも出っぱっていることになります。

赤道半径のほうが長い理由は，地球が自転しているためです。自転することで，地球の表面には外向きにふくらもうとする遠心力がはたらきます。これは，ピザの生地をくるくるまわして遠心力で広げていくのと似ています。遠心力は，自転軸からはなれた場所ほど大きくなるので，極地方ではゼロ，赤道で最大になります。そのために赤道部分がふくらむのです。

遠心力によって赤道付近がふくらむというのは，いいかえれば，地球の中心に物体を引っぱる重力の効果が赤道付近では遠心力によって少し打ち消されていることを意味します。つまり赤道付近では，実質的に重力の強さが弱まっているということです。実際，赤道では極地方にくらべて重力が約0.5%弱くなります※1。

すると，たとえば日本で体重60キログラムの人は，極地方で体重をはかればより重く，赤道付近で体重をはかればより軽くなります(右の図)。最近の体重計には，使用開始時の初期設定で居住地を設定するものがあります。それは，使う緯度に合わせて重力の値を微調整するためです※2。

※1：これには遠心力に加えて，赤道半径のほうが極半径よりも大きく，地球中心からの距離が遠いために，赤道上で重力自体が弱まることの影響もあります。

※2：ただし，緯度によって測定値が変わるのは体重計やばねばかりなど，重力の強さ（重量）を測定するはかりだけです。物体と分銅をつり合わせる上皿てんびんのように質量を測定するはかりであれば，遠心力は物体と分銅に同じようにはたらくので，測定値は緯度によりません。

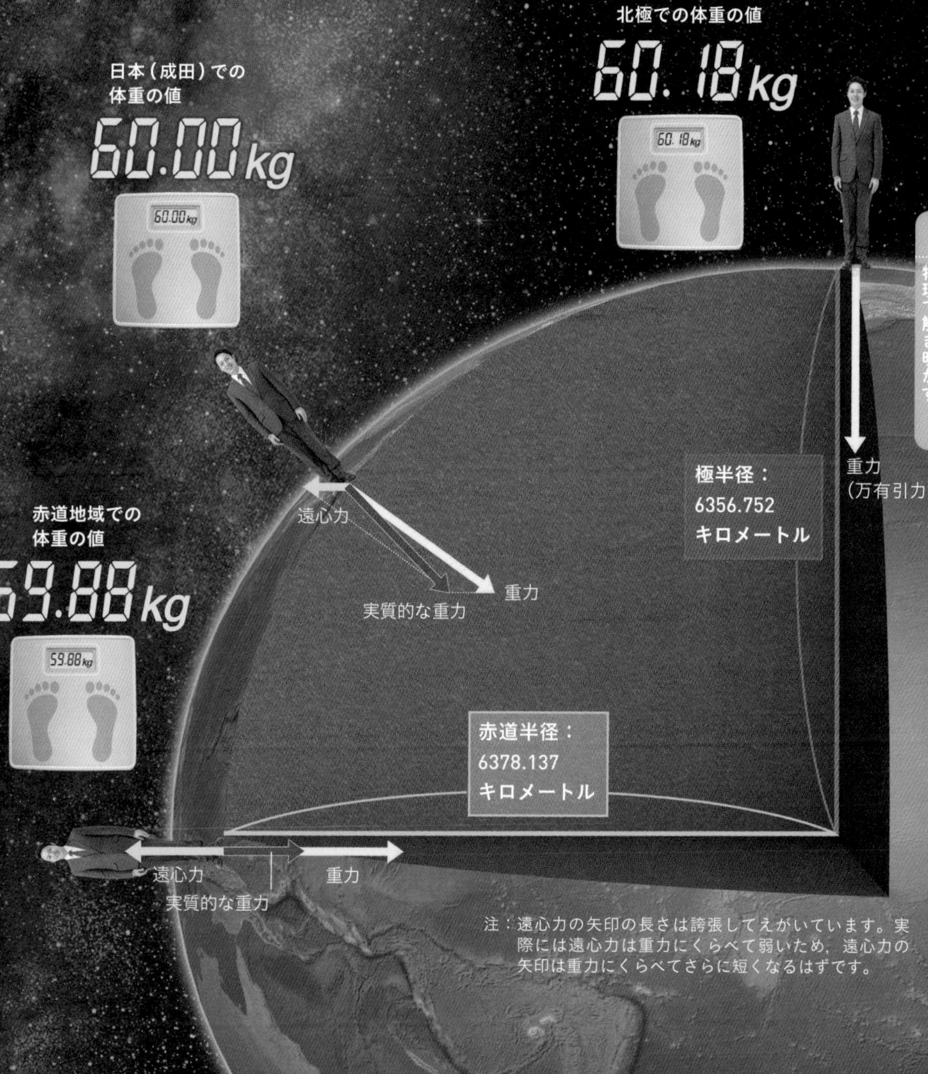

注：遠心力の矢印の長さは誇張してえがいています。実際には遠心力は重力にくらべて弱いため，遠心力の矢印は重力にくらべてさらに短くなるはずです。

遠心力のはたらきで地球は扁平になっている

地球は自転しているため，重力（万有引力）だけでなく，遠心力がはたらいています。遠心力は自転軸からはなれた場所ほど強くなるので，極地方ではゼロ，赤道付近で最大となります。そのため，重力と遠心力を差し引いた「実質的な重力」は，緯度が低くなるほど弱くなります。このため，地球は赤道付近がふくらんだ形になるのです。

まちがいやすい「作用・反作用の法則」

万有引力と垂直抗力の反作用

「地球がリンゴを下向きに引っぱる万有引力」の反作用は「リンゴが地球を上向きに引っぱる万有引力」，そして「机がリンゴを上向きに押す垂直抗力」の反作用は「リンゴが机を下向きに押す垂直抗力」です。地球や机など，リンゴ以外の物体がリンゴからの力を受けているというのが反作用のポイントです。

机からの垂直抗力

地球からの万有引力

机の上に置かれたリンゴにかかっている力は二つです。**地球がリンゴを下向きに引っぱる重力（万有引力）と，机がリンゴを上向きに押す「垂直抗力」です。**

リンゴは静止しているので，この二つの力は大きさが同じで向きが反対であり，たがいに打ち消し合っていることがわかります。これを「力のつり合い」といい，「運動の3法則」の二つめの「運動方程式」の左辺の結果がゼロになる場合に相当します。

運動の3法則の三つ目の「作用・反作用の法則」は，「物体Aが物体Bに力（作用）をおよぼすとき，物体Bは物体Aに『大きさが同じで向きが反対の力』（反作用）をおよぼす」というものです。リンゴにかかる万有引力と垂直抗力は，大きさが同じで向きが反対でした。**ということは，これらは作用・反作用の関係にあるということでしょうか？ 実はそうではありません。**理由は左の囲みに示してあります。

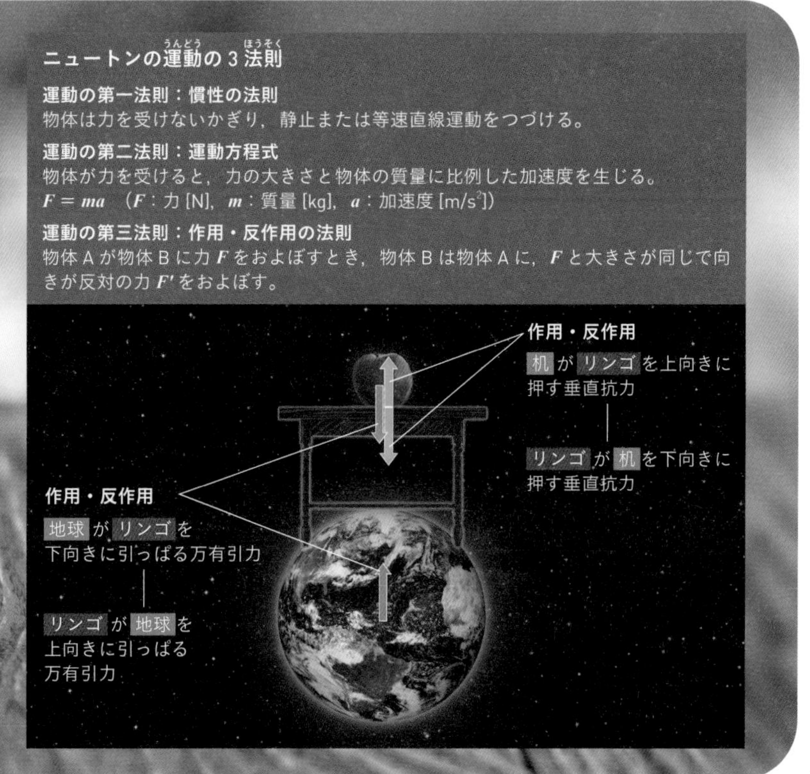

予測不能な軌道をえがく「二重振り子」

振り子時計が一定の時をきざみつづけられるのは，振り子が周期的に運動しつづけるおかげです。棒やひもの先におもりを一つつけた振り子（単振り子）の運動は，同じパターンがくりかえされる周期運動の代表といえるでしょう。

では，単振り子のおもりの先に，もう一つ単振り子をぶら下げてみましょう。この「二重振り子」を振動させるとどんな動きになるでしょうか？

実は，二重振り子の運動は単振り子の単純な往復運動とはまったくことなります。2個のおもりが同じ方向にゆれていたかと思えば，いきなり逆方向に動きはじめたり，あるいは片方だけ回転したりと，きわめて不規則な運動になるのです（右の画像）。二重振り子と単振り子は，何がちがうのでしょうか？

まず，おもりの最初の位置と速度（初期条件）を毎回完全に同じにできれば，二重振り子は何度やっても同じ運動をします。この点は単振り子と同じです。

しかし実際には，初期条件を完全に同じにすることはできません。**そして二重振り子は，わずかな初期条件のちがいが指数関数的に広がって，その後の運動がまったくちがうものになるという特徴があります。これが二重振り子の特徴である「カオス」です。**カオスの性質により，二重振り子は運動の予測が事実上不可能なのです。

初期条件のきわめて微妙なちがいが，その後の結果を大きく変えることの例えとして使われるのが「バタフライ効果」です。それは，たとえば熱帯の森で1匹の蝶が羽ばたいて周囲の大気をかき混ぜたとき，蝶が発生させた大気の乱流はめぐりめぐって台風を発生させるだろうかと問うもので，予測の困難さをあらわす言葉です。

二重振り子がえがく軌跡

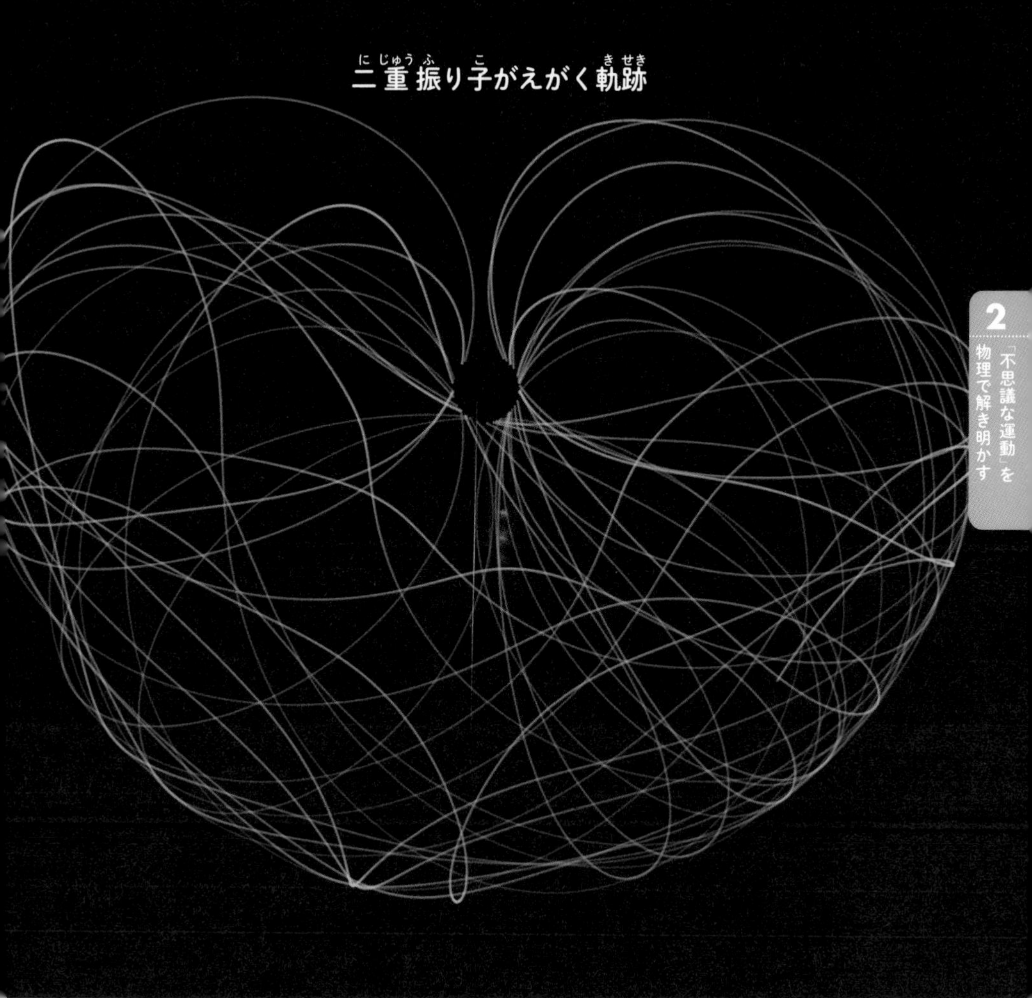

予測不可能な軌道をえがく「二重振り子」

上は，二重振り子の先端にLEDライトをつけて振動させ，その軌道を撮影したものです。急激に運動の方向が変化する場所があるなど規則性がまったく読み取れず，二重振り子の運動が単振り子の単純な往復運動にくらべてはるかに複雑であることがわかります。

画像提供：山本製作所
以下で，二重振り子装置が運動するようすの動画を見ることができます。
https://youtu.be/z3W5aw-VKKA

ねらった振り子だけ大きく振れる「念力振り子」

大きな地震では，高層ビルなどにおいて通常の小きざみなゆれのほかに，周期が数秒にもなる「長周期地震動」というゆれが発生します。

高層ビルに限らずすべての物体は，形や大きさによって決まる「とくにゆれやすいリズム」をもっています。これを「固有振動数」といいます。そして，物体の外部から固有振動数とちょうど同じリズムでくりかえし力を加えると，ゆれの振幅がどんどん大きくなるという現象がおきます。これが「共振（共鳴）」です。

この現象を利用した物理実験道具に「念力振り子」というものがあります（右ページ）。これは，一つの軸に長さのちがう振り子を複数つけたものです。振り子は，長さごとにちがった固有振動数をもちます。**そのため，軸を振る速さによって共振する振り子がことなり，うまく振ればねらった振り子だけが大きく振れて，それ以外の振り子は振れないという状態をつくることができます。**

共振を利用している器具の代表例は楽器ですが，ビルや楽器のような物体以外のものでもおきます。たとえば，周期的に電流や電圧が変化する「交流」の電気回路では，回路に含まれるコイルの特性などを変化させることによって，特定の振動数をもつ電気信号が入力されたときだけ信号の振幅が非常に大きくなる「共振回路」をつくることができます。共振回路は，電気信号のノイズを減らす装置や，テレビやラジオの選局を行うチューナーなどに使われています。

惑星や衛星にも，共振（共鳴）現象がみられることがあります。海王星は約165年，冥王星は約248年で公転しており，公転周期がちょうど2：3の比になっています。これは，長い間に海王星と冥王星が公転しながら何度も重力をおよぼし合った結果，一種の共振がおきて公転周期が簡単な整数の比になったと考えられています。

「念力振り子」で，最も短い振り子だけを振る

念力振り子とは，一つの軸に長さのちがう振り子を複数つるしたものです。振り子は長さによって固有振動数がちがうため，木の軸を振る速さを変えることで特定の振り子だけに共振をおこすことができます。振り子の長さが短いほど固有振動数が大きくなるため，短い振り子だけを振りたければ，軸を小きざみに振ります。これが念力によって一つの振り子だけを振っているように見えるため，念力振り子とよばれています。

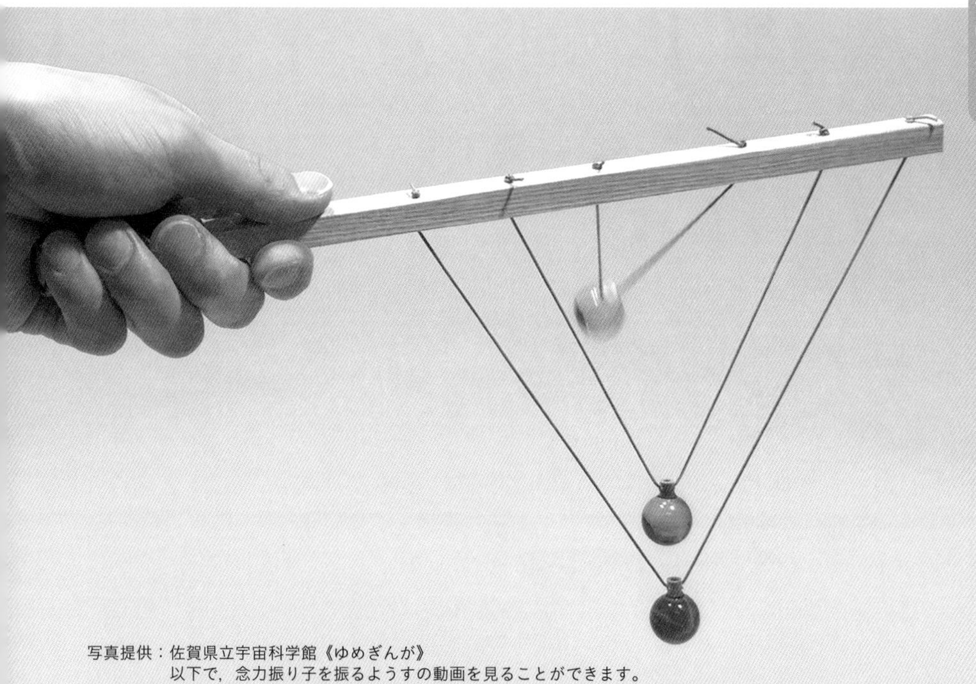

写真提供：佐賀県立宇宙科学館《ゆめぎんが》
以下で，念力振り子を振るようすの動画を見ることができます。
https://youtu.be/VNd-_48rLFI

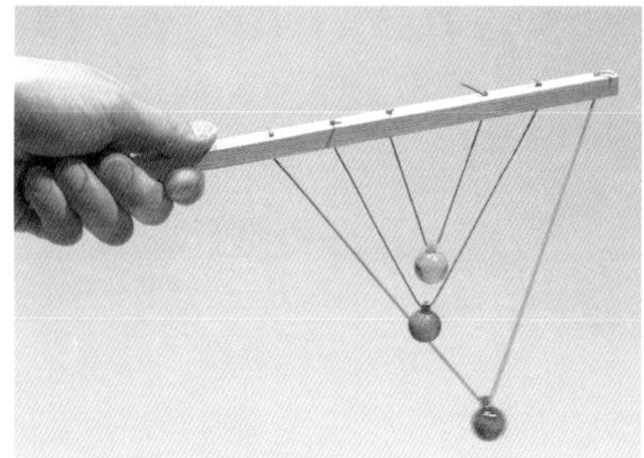

いちばん下だけ振るようす

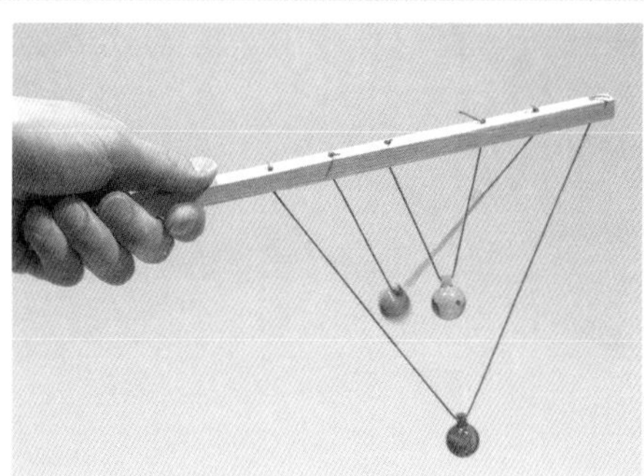

真ん中だけ振るようす

磁石にくっつかないはずの素材が「くっついた！」

アルミニウムは磁石にくっつきません。しかし実は，アルミニウムがまるで磁石にくっつくようにふるまう装置をつくることが可能なのです。

まず，自由に回転できるアルミニウムの円板をつくります※1。そして，この円板の円周に沿って，100円ショップなどで買える「ネオジム磁石※2」を回転させてみましょう。すると，円板はまるで磁石に引きつけられるかのように，磁石と同じ方向に回転します。この装置は，フランスの物理学者フランソワ・アラゴ（1786～1853）がこの現象を発見したことから「アラゴの円板」とよばれます。この現象は，「電磁誘導」と「ローレンツ力」という二つの理論で説明できます。

アルミ円板の上で磁石を動かすと，円板の周囲にある磁場の強さが変化します。**このように磁場の強さが変化すると，その影響によって磁場中の金属に電流が流れることが知られています。これが「電磁誘導」です。**

右上の図のように円板の上側がN極，下側がS極になるようにU字磁石を配置し，磁石を反時計まわりに動かすとしましょう。このとき，電流は円板の中心から磁石の方向に向かって流れます。

電流は，磁石がつくる磁場の中を流れます。**磁場の中を流れる電流には，「ローレンツ力」とよばれる力がかかることが知られています。**その力の向きは「フレミングの左手の法則」によって理解でき，この場合では円板を反時計まわりに回転させる向きになります。そのために，円板はまるで磁石を追いかけるように回転するのです。

実は，アラゴの円板は身近に応用されている装置でもあります。たとえば，東京の地下鉄・大江戸線などの「リニア地下鉄」（右下の図）が走る原理は，アラゴの円板で説明できます。また，家庭の電気使用量をはかる電力量計にも，アラゴの円板が応用されているものがあります。

アラゴの円板

磁場が増加
電磁誘導
N
反時計まわりの電流（渦電流）が流れる
S

2. 磁場の変化で渦電流が生じる

U字磁石を反時計まわりに動かす

円板の中心から外側へと電流が流れる

アルミ円板

N
磁場

アルミ円板が反時計まわりに力を受ける

1. 円板のそばで磁石を動かす

S

3. 円板にローレンツ力がはたらく

電流
力
フレミングの左手の法則
磁場

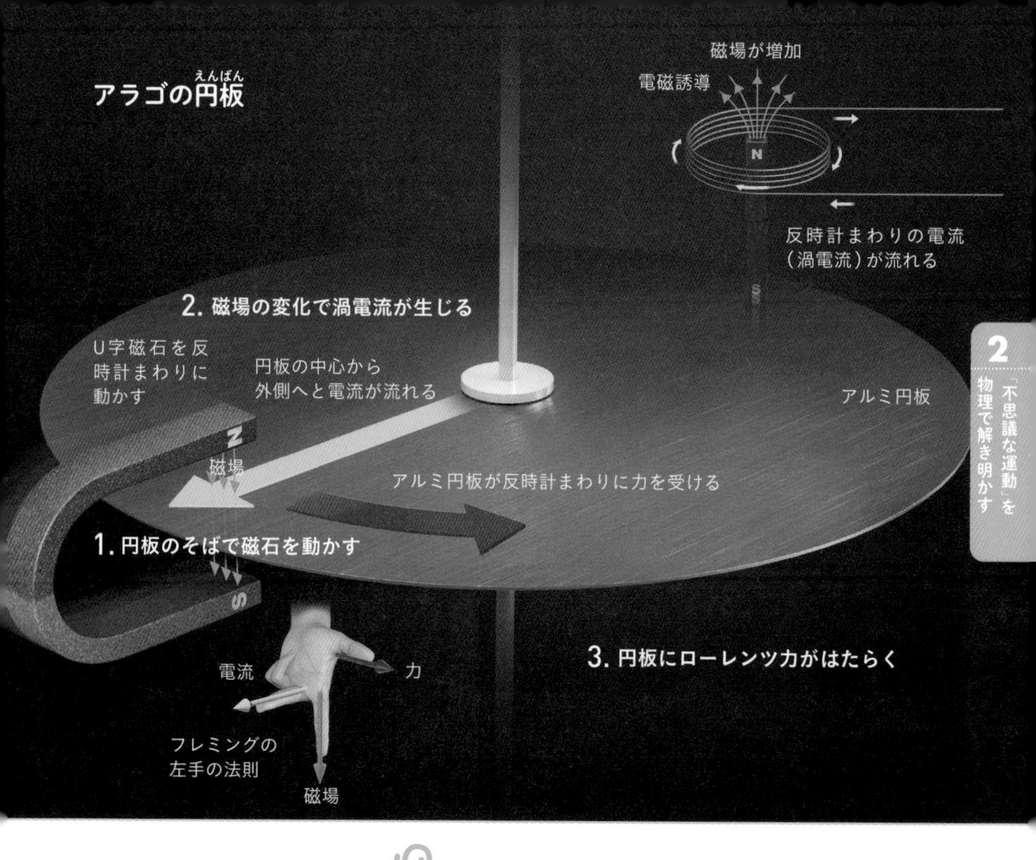

磁場が電流を生み 電流が力を生む

アルミニウムや銅などの磁石にくっつかない金属で円板をつくり，磁石を近づけて動かすと，磁石につられるように円板がまわりだします。この装置を「アラゴの円板」といいます。この装置は，磁石によってつくられる電流が，磁場から力を受けることによって回転します。

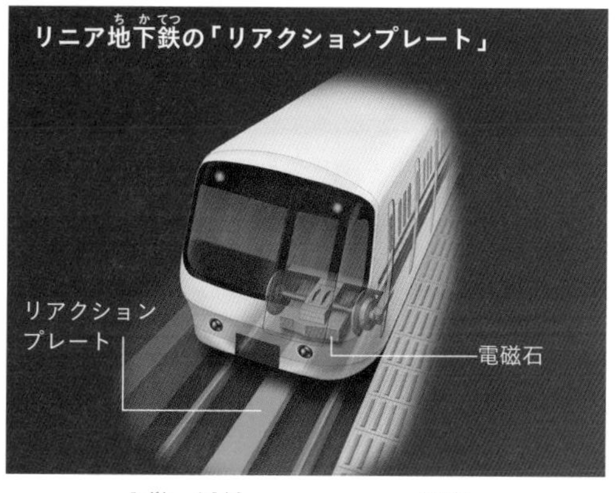

身近に応用されるアラゴの円板

リニア地下鉄では，レールの間にアルミや銅でできた「リアクションプレート」とよばれる板が敷かれています。これがアラゴの円板におけるアルミ円板に対応します。

※1：家庭で実験する場合には，複数の1円玉をアルミホイルでつつんで円板形にし，水に浮かべると簡単でしょう。
※2：鉄とネオジムが主成分の，磁力が非常に強い磁石。

超強力な磁石を近づけると，キュウリが逃げる？

ネオジム磁石（前ページ）を使った実験を，もう一つ紹介しましょう。

やじろべえの先端にキュウリをつけたものをつくります。これにネオジム磁石を近づけると，なんとキュウリは磁石に反発し，遠ざかるように動くのです（右上の写真）。**この現象は，キュウリに含まれる水分子が，磁石としての性質をもつことによります。**日常的には，水や酸素が磁石だとは思わないでしょう。しかし，原子は磁石の性質をもっています。物質が周囲の磁場に反応する性質のことを「磁性」といいます。

原子が「ミクロの磁石」としてふるまう理由は，原子核の周囲に存在する電子にあります。電子のように電気をおびた粒子が運動すると，その周囲に磁場が発生します。また，電子は「自転」のような性質（スピン）をもっています。**この電子の「自転」によって，原子や分子はミクロの磁石としての性質をもつようになるのです。**

原子・分子がたくさん集まってできた物質は，磁場に対する反応の仕方によって，「反磁性体」「常磁性体」「強磁性体」の三つに分けられます。たとえば水分子は，外から磁石を近づけられると，逆向きの磁石となってわずかに反発する「反磁性体」です。一方，酸素分子は外部の磁石とミクロの磁石の磁場を同じ向きにそろえる性質をもち，外部の磁石にわずかに引き寄せられる「常磁性体」です。酸素ガスを入れてつくったシャボン玉も，常磁性体としてふるまいます。そのシャボン玉にネオジム磁石を近づけると，シャボン玉は磁石に引きつけられて動くのです。

外部の磁石とミクロの磁石の磁場を同じ向きにそろえようとする性質が非常に強い物質のことを「強磁性体」といいます。鉄はその一例です。**このような原子・分子ごとの磁石の性質のちがいは，原子・分子がもつ電子の数などによって決まります。**

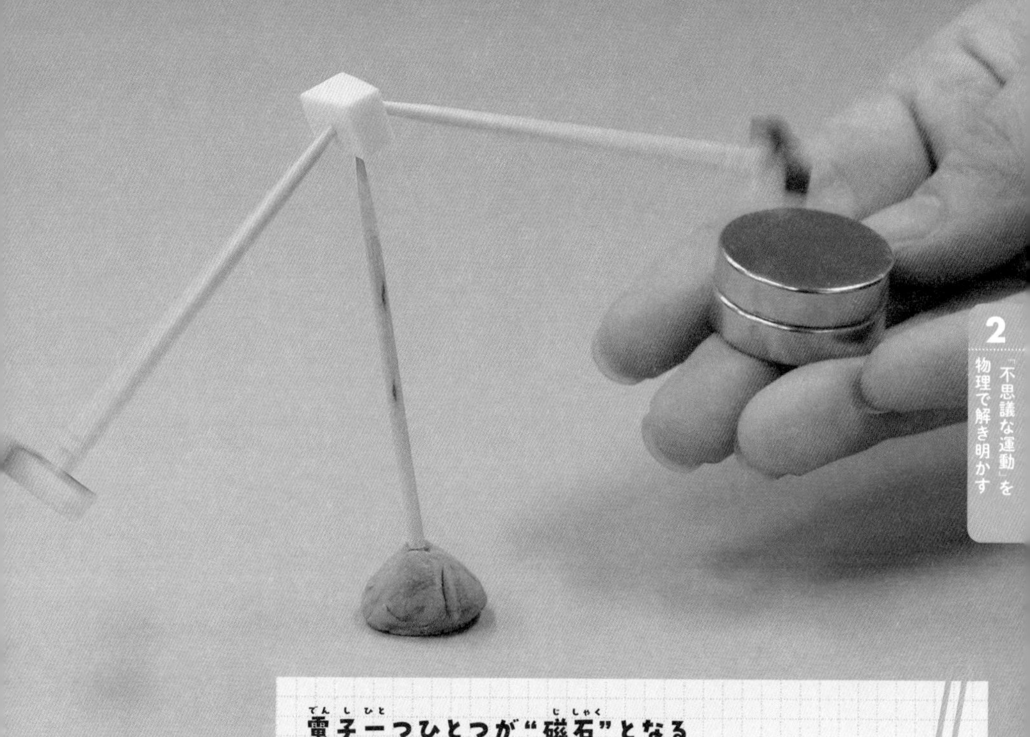

電子一つひとつが“磁石”となる

上の写真は，やじろべえの先端につけたキュウリにネオジム磁石を近づけているようすです。キュウリに多く含まれる水分子は「反磁性」という性質をもち，磁石にわずかに反発します。そのため，キュウリは磁石から逃げるように動きます。この性質は，原子や分子がもつ磁性，さらにもとをただせば原子を構成する電子がもつ磁性です。

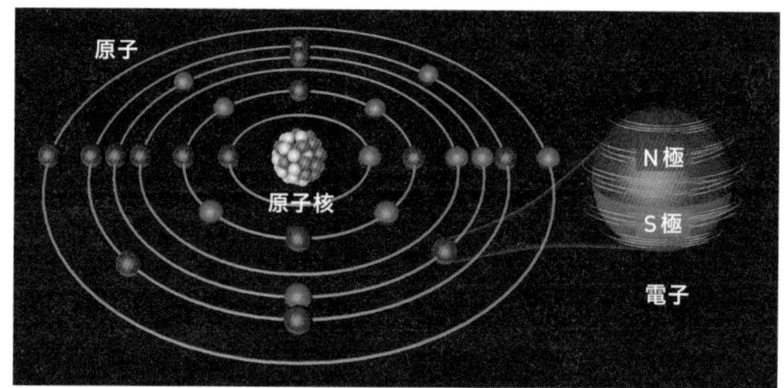

電子はミニ磁石

原子核の周囲をまわる電子のイメージをえがきました。電子は「スピン」という，天体の「自転」に似た性質をもっています。このスピンにより電子は磁場を発生させ，原子にミクロの磁石としての性質をあたえます。また，電子の公転運動も磁場をつくり，原子の磁石の性質に影響をあたえます。ただし，原子をつくる電子は，スピンが上向きと下向き，つまりN極が上向きとS極が上向きの電子でペアをつくろうとする性質があるため，電子がちょうどペアを組める数の場合には，N極とS極が打ち消し合い，原子全体では磁石の性質をもちません。

私たちの質量の99%は「エネルギー」

「強い力」が質量を生む

陽子や中性子は三つのクォークからできていますが，クォーク三つの質量を足しても陽子や中性子の質量の約1%にしかなりません。残りの99%は，クォークどうしを結びつける「強い力」による結合エネルギーなどが，$E=mc^2$によって質量としてみえるものだと考えられています。

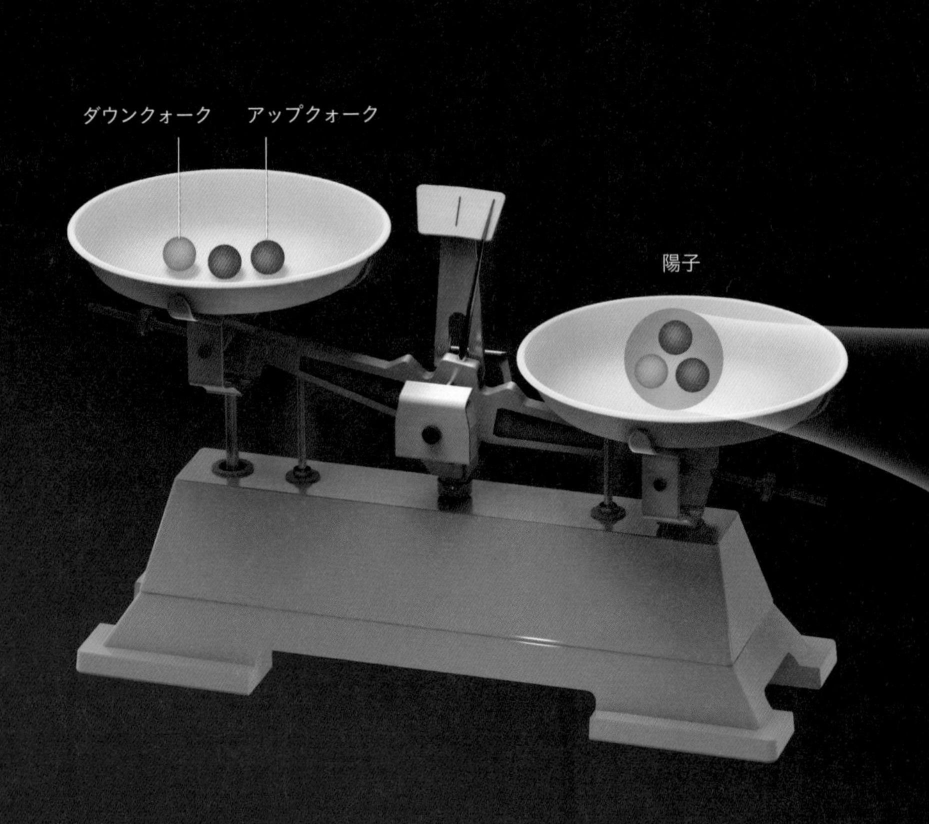

すべての物質をつくる原子は，「原子核」と「電子」からなり，原子核は「陽子」と「中性子」に分けられます。さらに陽子と中性子は，「クォーク」という素粒子が三つ集まってできています※。

電子の質量はきわめて小さいため，物質がもつ質量は，陽子と中性子に由来するといえます。そのため，この世の質量はほぼクォーク三つの質量からできていると考えたくなりますが，不思議な事実があります。

クォーク三つの質量を足しても，陽子や中性子の質量の約1％にしかなりません。残りの99％はどこからきたのでしょうか？ 実は，残り99％の質量を生んでいるのは「$E=mc^2$」という式で結ばれたエネルギーです（cは光速）。エネルギーは，さまざまな現象によって変換されます（44ページ）。

私たち自身や，私たちのまわりのすべての世界を形づくる質量の99％は，エネルギーによって生みだされているのです。 ある意味では，「私たちはほとんどエネルギーからできている」といえるかもしれません。

※：陽子は「アップクォーク」2個と「ダウンクォーク」1個に，中性子はアップクォーク1個とダウンクォーク2個に分けられます。

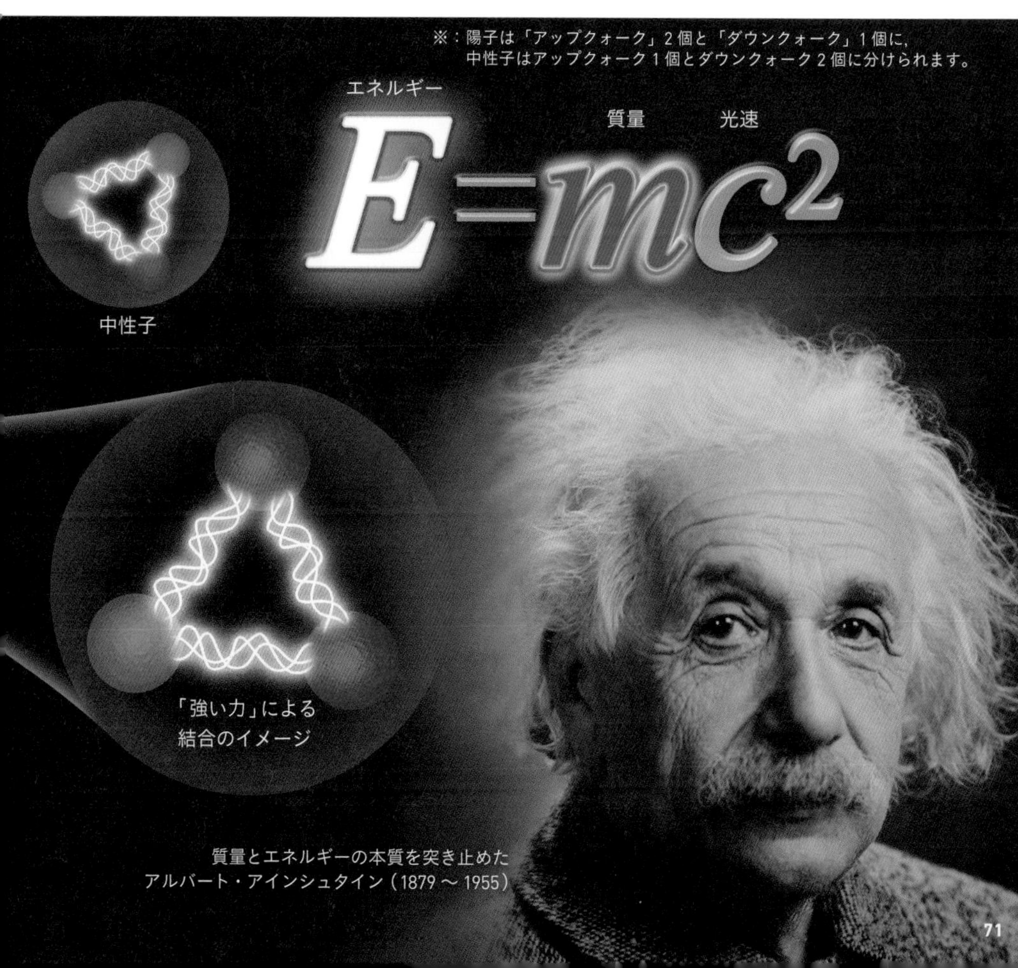

質量とエネルギーの本質を突き止めたアルバート・アインシュタイン（1879～1955）

コーヒーブレイク

COFFEE BREAK

「重さ」と「動かしにくさ」から一般相対性理論へ

実は質量には2種類あります。一つめは「重力質量」で，これは物体にかかる重力（万有引力）にかかわる質量です。二つめは「慣性質量」です。これは物体の「動かしにくさ」をあらわす質量で，「運動方程式」に登場します。

慣性質量は，物体が加減速するときにあらわれる「慣性力」にも関係しています。バスや電車が急減速したら，前につんのめるような力を感じますが，この見かけの力を慣性力といいます。

重力質量と慣性質量は物理的な役割がまったく別物です。そのため，この二つが一致する必然性はないように思えます。しかし実際に測定してみると，この二つの質量はなぜかいつでも同じ値でした。

アインシュタインは，この二つが等しいことは自然界の根本原理であると考え，この原理を「等価原理」とよびました。アインシュタインは，重力質量と慣性質量が同じなら，重力が引きおこす現象と慣性力が引きおこす現象は区別がつかないと考えたのです。たとえば，下の階に向かってエレベーターが動きだすと，体が浮く感じがし，目的の階に着く直前には体を床に押しつけられるように感じます。

これは重力が変化しているわけではなく，エレベーターが加速・減速しているだけです。しかし等価原理によれば，重力と慣性力は区別がつかないのですから，この現象は重力が変化していることと本質的に同じです。つまり等価原理を受け入れると，重力を消したり生みだしたりすることが可能なのです。

ここからアインシュタインは，「重力とは何か」「重力の法則とは何か」と考え，重力を時空のゆがみとしてあらわす「一般相対性理論」にたどりついたのです。

「重力」と「慣性力」は区別がつかない

ふだん，私たちはたんに「質量」といいますが，厳密には質量には2種類あります。万有引力の法則にあらわれて物体にかかる「重力」に関係する「重力質量」と，運動方程式にあらわれて物体の「動かしにくさ」に関係する「慣性質量」です。これらの値はいつでも一致しています。アインシュタインはこの二つが等しいのは自然の原理だと考え，「等価原理」とよびました。

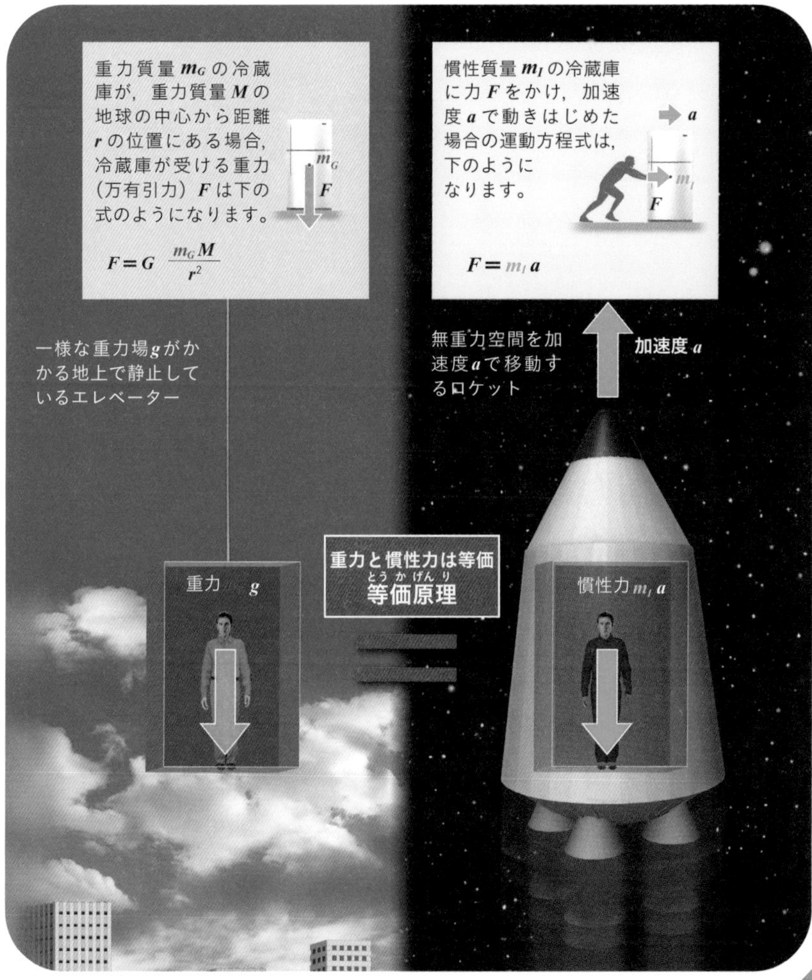

3

身近な現象にも「おもしろい物理」はひそんでいる

日常生活で接しているさまざまなものには，不思議でおもしろい物理現象がひそんでいます。たとえば，電柱やそれに張られた電線，電子レンジ，LED照明，夜空に輝く星，などなど。3章では，ふだんは見過ごしてしまうようなものの裏にある物理現象を解説します。

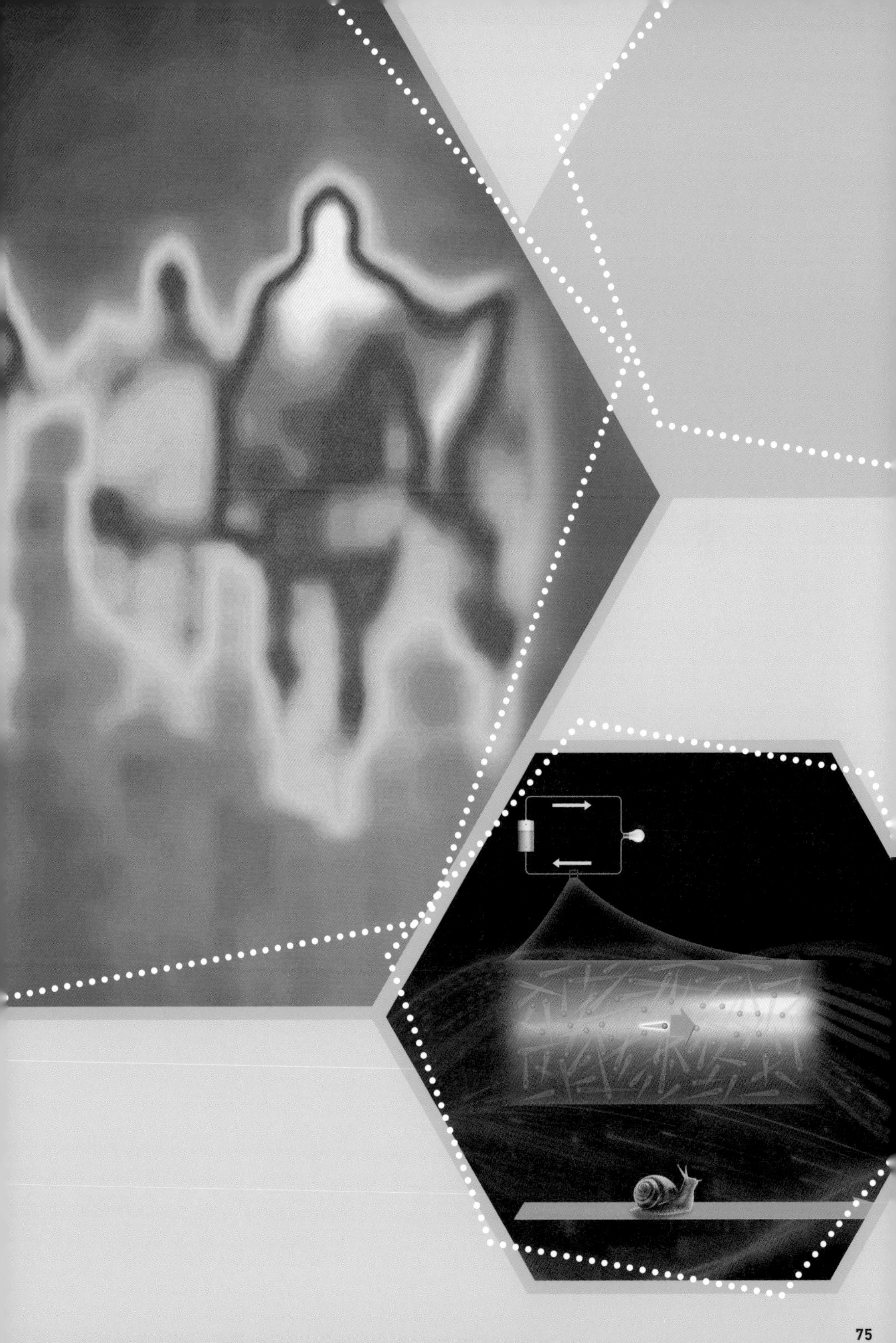

1メートル先は「3億分の1秒前」の世界

「今」見ているはずのこの文字も実は過去の姿

読者の皆さんがこの瞬間に見ている風景をイメージしてえがきました。皆さんの目に入る光は，秒速約30万キロメートルという有限の速さで伝わってきたものです。ということは，皆さんが「今」読んでいるこの文字や，窓の外に見える景色は，多かれ少なかれ過去の姿だということになります。

「今」の皆さんの視界のイメージ

光はこの宇宙で最も速く進みますが，それでも光速の値は有限（秒速約30万キロメートル）です。**そのため，私たちの目に見えている景色は，それぞれの距離に応じた「過去の姿」だといえます**。たとえば，1キロメートルはなれた場所にある建物は，約30万分の1秒前の姿です。1メートルはなれた場所に立っている人は，約3億分の1秒前の姿です。**つまり，私たちは一度も「今」を見たことなどないのです。**

日常生活ではごく近くのものしか見ないため，光速が有限であるという事実にはまず気づきません。しかし，遠くはなれた宇宙を観測すると，光速の“遅さ”を実感できます。

遠い宇宙を観測すると，宇宙のはるか過去の姿を見ることができます。2021年にNASAが中心となって打ち上げられたジェイムズ・ウェッブ宇宙望遠鏡（JWST）は，なんと約135億年前の銀河の撮影に成功しています。この年代は宇宙で最初の星々や銀河がつくられた時期だと考えられます。JWSTによって，はるか過去の宇宙の姿が明らかになると期待されているのです。

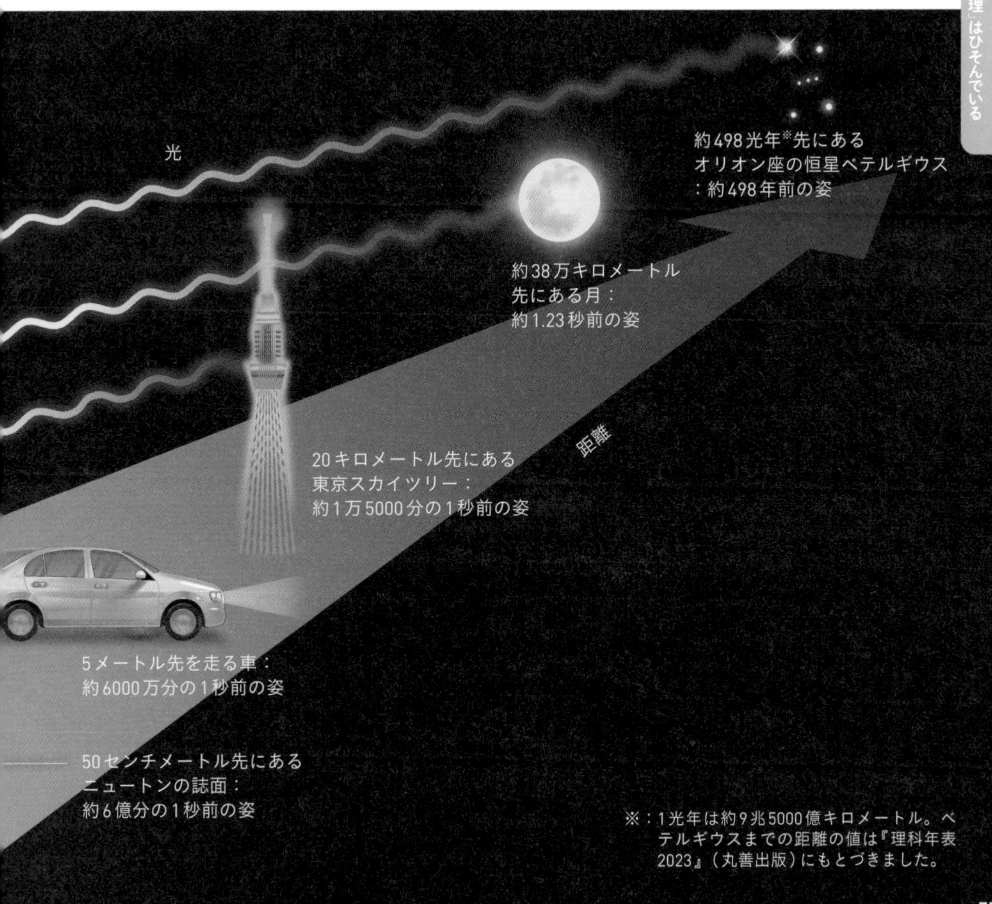

※：1光年は約9兆5000億キロメートル。ベテルギウスまでの距離の値は『理科年表2023』（丸善出版）にもとづきました。

超長い棒を使えば，超光速で通信できるか？

硬い棒があるとします。この棒の端を10センチメートル押すと，反対側の端も瞬時に10センチメートル動きます。これは，どんなに長い棒でもなりたつように思えます。

仮に長さが1光年よりもわずかに短い棒を用意して，これを1光年先にある天体に向けるとします（右上の図）。そして，片方の端を押すと反対側の端も瞬時に動き，天体に衝突したとします。**この棒の動きを合図にして何らかの通信を行えば，1光年先の相手とも瞬時に通信を行えることになります。**

しかし，特殊相対性理論によれば，光速より速く情報を伝えるものは存在しないはずです。1光年先に情報を伝えるためには，光速でも1年の時間がかかるはずなのです。さて，この話はどこがまちがっていたのでしょうか？

それは，「棒の片方の端を押すと，反対側の端も瞬時に動く」という点です。実際には，棒が押された衝撃は，棒を形づくる原子の密度の変化となって棒の中を伝わっていきます（右下の図）。**つまり棒の形の変化は，原子の結晶構造が少しずつたわむことで，反対側の端まで伝わっていくのです。**

物質の中を密度の変化が伝わる現象の代表例は「音」です。この場合も音の伝達と同様の現象だと考えることができるため，棒の変形は音速でしか伝わりません。このまちがいの原因は，棒を「完全剛体（＝力を受けても変形しない物体）」で，力が瞬時に伝わると思ってしまった点です。

「硬い棒」もほんとうはゆがむ

棒を完全剛体だと思うと，超光速通信が可能になってしまい，特殊相対性理論と矛盾します。実際には棒は完全剛体ではないため，棒が押されたことによる衝撃が伝わるまでに時間がかかり，超光速通信をすることはできません。

最初の状態

長さが1光年よりもわずかに短い棒を用意します。この棒を1光年先にある天体の方向に向けて，棒の端を押して棒と天体を衝突させます。

棒が完全剛体だと仮定した場合

もしも棒が完全剛体なら，棒の片方の端を押した瞬間に，もう片方の端も動き，天体に衝突します。そのため，超光速通信が可能になります。

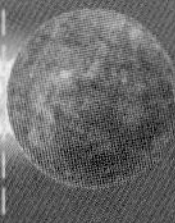

“正しい”棒の状態（完全剛体ではない）

1.

棒が押された衝撃は，棒を形づくる原子の密度の変化となって棒の中を少しずつ伝わります。右の図では，衝撃は棒を押した人の近くを伝わっており，天体の近くにはまだ伝わっていません。

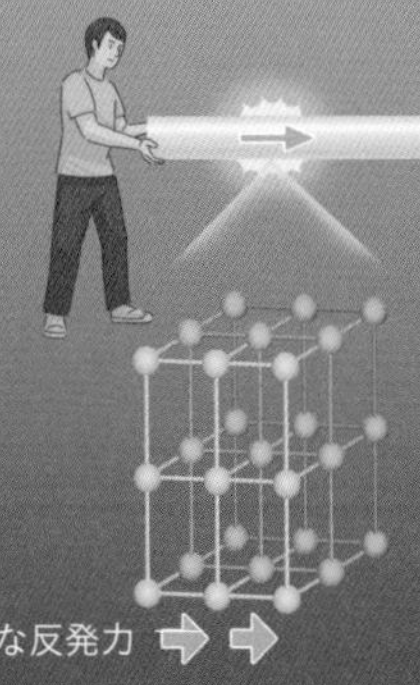
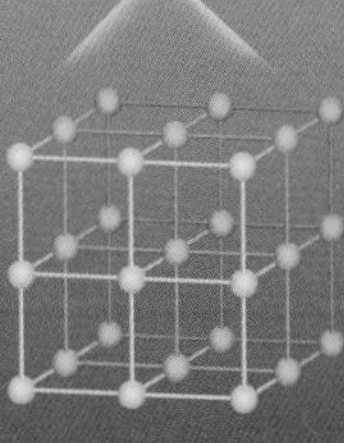

2.

棒の中を衝撃が伝わっていきます。物質の中を密度の変化が伝わっていく現象の代表例は「音」です。棒の場合でも，原子の密度の変化は音速でしか伝わりません。

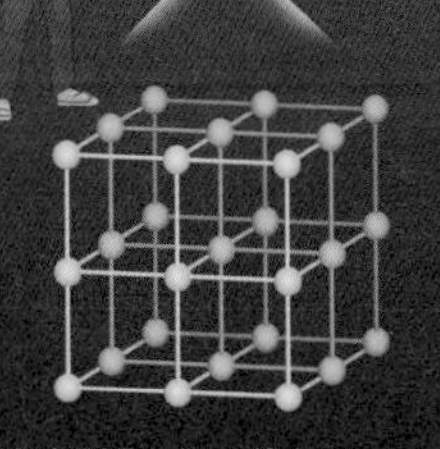
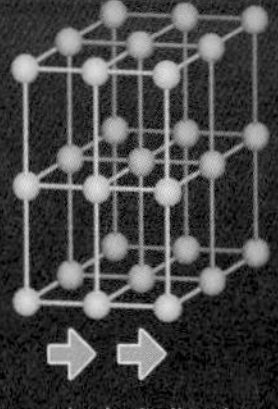

3.

衝撃が棒の反対側の端まで伝わり，棒が天体に衝突します。

電子の速度は カタツムリより遅い

電気機器を使う際に，コンセントから何十メートルも延長コードをのばして電源をとったとしても，機器のスイッチを押した瞬間電流は流れ，電源がオンになります。長いコードの中では，スイッチを入れた一瞬の間に自由電子が何十メートルも移動しているのでしょうか？

電流とは「電子の流れ」です。導線に電圧（電場）がかかると，導線をつくる金属原子がもっている複数の電子のうち，最も弱く束縛されている「自由電子」が一方向に動きはじめるのです※。しかし，おどろいたことに，自由電子は平均的に，カタツムリよりも遅い速さでしか動いていないのです。

一般家庭の電源には「交流電圧」が使われていますが，ここでは，向きが一定の「直流電圧」で考えましょう。導線を流れる自由電子の平均の速さは，電流の大きさと導線の性質からもとめられます。くわしい計算ははぶきますが，断面積が1平方ミリメートルの銅の導線に1アンペアの電流が流れる場合で考えてみると，自由電子の平均の速さは秒速0.074ミリメートルにしかなりません。カタツムリの速さは秒速1ミリメートル程度なので，自由電子はカタツムリの約$\frac{1}{14}$の速さでしか進めないのです。

では，なぜ導線が長くても電気機器はすぐ動きはじめるのでしょうか？ **それは，電場の変化の情報が，回路全体に高速で伝わるためです。電場の変化は，光速に近い速さで伝わります。なぜなら，「電場（と磁場）の変化が伝わる現象」とは，すなわち「電磁波」（光）そのものだからです。**

したがって，スイッチを入れた瞬間に電流が流れるのは，電場の変化がスイッチから回路全体に高速で伝わることで，自由電子が回路中でゆっくりと動きはじめるからなのです。**電子は大量に存在するため，低速でも十分な量の電気を運ぶことができるのです。**

※：電流の向きは電子の運動方向と逆向きに定義されています。

電子はゆっくりと，しかし大量に流れている

1アンペアの電流が流れているときの導線内での電子の運動のようすをえがきました。電子一つひとつはすばやく動いていますが，全体としてはカタツムリよりも遅い速さでしか動いていません。それでも，電子は大量に存在するため，十分な量の電気を運ぶことができます。

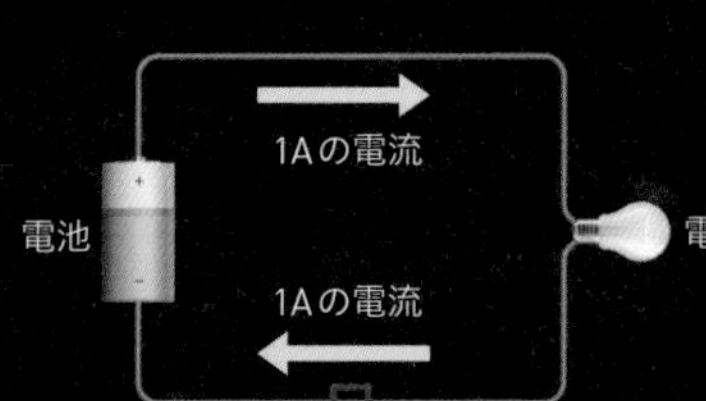

注：イラストでは電子の速さを0.074ミリメートル毎秒とえがきましたが，実際には電子一つひとつは1000キロメートル毎秒ほどの速さでさまざまな方向に飛んでいます。0.074ミリメートル毎秒とは，電子全体を一つの集団とみたときの平均の速さです。

火は電気を通す？通さない？

火は電気を通します。それは，火が「プラズマ」だからです。電気的に中性の気体は，正の電気をおびた陽イオンや原子核と，負の電気をおびた電子に分かれる（電離する）ことがあります。電離してイオンや電子を含む状態になった気体のことをプラズマとよびます。**プラズマに含まれるイオンや電子が移動することによって，電気が通るのです。**

宇宙に存在する物質の99％はプラズマ状態であるといわれます。実はプラズマは，私たちにとって非常に身近な存在なのです。

私たちの生活や，社会に役立っているプラズマもたくさんあります。その一つが溶接です。溶接では，金属どうしを高温でとかして接合します。溶接で最もよく使われる手法は，接合したい金属に電極を近づけて「アーク」という放電をおこす「アーク溶接」です。アーク溶接では，放電によってアルゴンやヘリウムなどのガスを電離させ，5000～2万℃のプラズマにすることで金属をとかします。

また，未来のエネルギー源として期待されている核融合発電では，重水素や三重水素（トリチウム）をプラズマにし，原子核どうしを衝突させて核融合反応をおこします。核融合発電ではプラズマの温度は1億℃をこえます。超高温のプラズマを閉じこめる技術や核融合反応で発生する熱を取りだして発電につなげる技術など，実現にはまだたくさんのハードルがあり，各国の研究者がさかんに研究を行っています。

電気を通す炎

空気は電気を通しにくいので，電極をある程度はなしておくと普通は電気は流れず，放電がおきません。しかし，電極の間に炎を置くと，炎のプラズマが電気を通すために放電がおきます（右上の写真）。

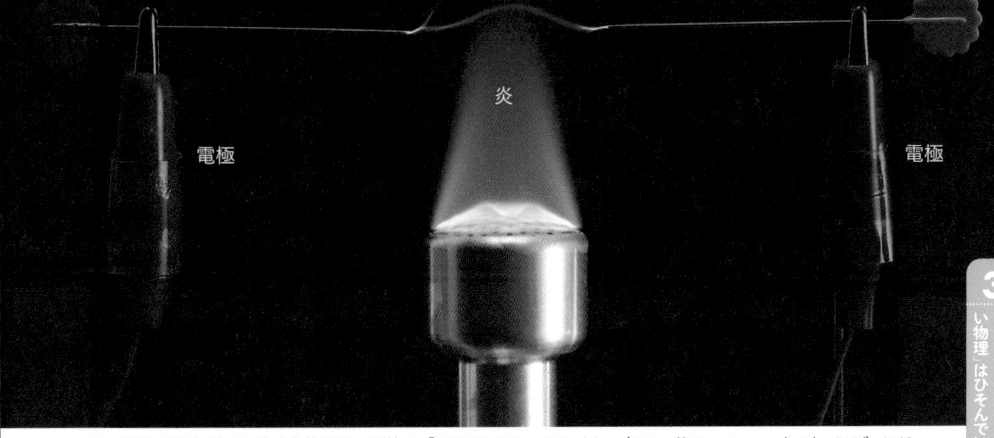

注：画像は日本ガイシ株式会社提供。同社の「NGK サイエンスサイト」（https://site.ngk.co.jp/lab/no262/）には，この実験のくわしい手順が紹介されています。

高温のプラズマで金属をとかしてくっつける「アーク溶接」

アーク溶接では，放電によってアルゴンガスなどを最高２万℃に達するプラズマにして，その熱で金属をとかして接合します。化学反応をおこしにくいアルゴンガスは，空気中の窒素分子や酸素分子をはね返し，それらの分子がとけた金属と反応するのを防ぐ役割ももっています。

電柱の中身は空っぽだった

電柱の中身は空洞（中空）です。**中身が詰まっている場合（中実）にくらべてコンクリートを節約できるうえ，軽くなって運搬しやすい利点があります。**

さらに，中空にしても強度はほとんど問題ありません。中身が詰まった中実の円筒と中空の円筒をくらべると，円筒全体の直径が同じ場合には，曲げやねじりに対する強度はあまり変わりません。**そして断面積が同じ場合，実は中空材料のほうが強度が高くなります。**

意外かもしれませんが，曲げやねじりの力（応力）が材料にどのようにはたらくかを考えると，その理由がわかります。

棒状の材料を曲げたりねじったりするとき，最も強い力がかかるのは材料の表面です。なぜなら，こうした変形を行ったときには，中心軸付近の材料にくらべて，表面付近の材料のほうが大きく動くためです（右下の図）。そのため，半径が同じ場合には，あまり力がかからない中心部分に材料がなくても強度はそれほど変わりません。**そして断面積が同じ場合には，中心部分よりも表面部分に材料を多く使うほうが，曲げやねじりに強くなるわけです。**

たとえば，ビルなどの「梁」（柱どうしをつなぐ水平部分の部材）には，断面がＨ字形の「Ｈ形鋼」がよく使われています。これも，直方体の部材よりも鋼鉄を少なくしたうえで十分な強度を発揮し，しかも接合などが簡単にできる形を追求した結果なのです。

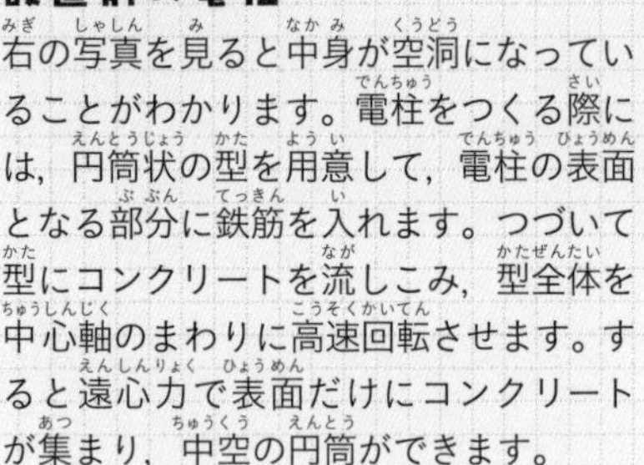

工事現場に置かれた設置前の電柱

右の写真を見ると中身が空洞になっていることがわかります。電柱をつくる際には，円筒状の型を用意して，電柱の表面となる部分に鉄筋を入れます。つづいて型にコンクリートを流しこみ，型全体を中心軸のまわりに高速回転させます。すると遠心力で表面だけにコンクリートが集まり，中空の円筒ができます。

中実円筒と中空円筒の強さを比較すると，中空円筒は直径が同じ中実円筒に対してあまり弱くならず，断面積が同じ中実円筒に対して2倍以上強くなります。

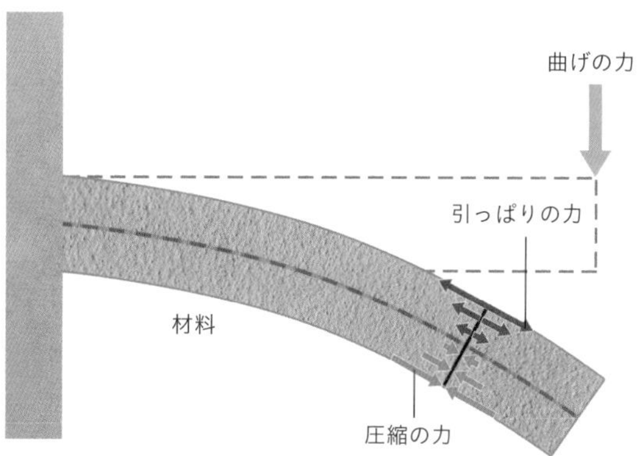

曲げやねじりの力は材料の表面で最も強くかかる

ある材料に曲げの力がかかったときに，材料内部の各部分にかかる力の概略図をえがきました。材料の上面には引っぱりの力が，下面には圧縮の力がかかります。このとき，表面付近の材料が最も大きく動くため，それぞれの力は材料の表面で最大となり，中心部に近くなるほど弱くなります。これはねじりの力においても同様です。

見えない光をとらえる

サーモグラフィーカメラ

コロナ禍で目にする機会がふえたサーモグラフィーカメラは，体にふれることなく体温をはかることができます。その原理はデジタルカメラと似ており，センサーで光を受けて電気信号にかえ，画像をつくりだします。ただし，デジタルカメラが可視光線をとらえるのに対して，サーモグラフィーカメラは赤外線をとらえています。

赤外線をはかると温度がわかるのは，「熱放射」という現象のおかげです。あらゆる物体は，温度が絶対零度※でないかぎり，温度に応じた波長の電磁波を放射するという性質があります。これが熱放射です。

熱放射にはさまざまな波長の光が混ざっています。そして熱放射には，物体の温度が高くなるほど，放射されるすべての光の合計のエネルギーが強くなる（＝光量が明るくなる）という性質があります。**つまり，ある物体が放つ熱放射のエネルギーを測定できれば，その物体の温度が測定できるというわけです。**

明るさがピークになる波長も温度によって変化します。私たちの身のまわりにあるマイナス200℃～3000℃くらいの温度範囲では，ピークの波長は赤外線になります。つまり，私たちを含めて身のまわりの物体は，主に赤外線で光っているのです。**サーモグラフィーカメラはこれらの性質を利用して，身のまわりの物体が発する赤外線をとらえ，物体の温度に変換しているのです。**

サーモグラフィーは赤外線をとらえる

サーモグラフィーカメラで撮影された画像では，物体の温度に応じて赤から青などの色を着色してあらわすことが一般的です。これらの温度は，その物体の表面から出ている赤外線のエネルギーの強さを温度に変換したものです。

※：物体がとりうる温度の下限値で，マイナス273.15℃。

サーモグラフィーカメラによる画像

「黒体放射」のエネルギー分布

黒体放射とは，光を100%吸収していっさい反射しない，完全に黒い想像上の物体（黒体）が放つ熱放射のことです。熱放射の理想的なモデルとしてよく使われます。

日常にある物体の温度（マイナス200℃～3000℃）では主に赤外線が出ます。太陽は表面温度が約6000℃で，主に可視光線を放射しています。

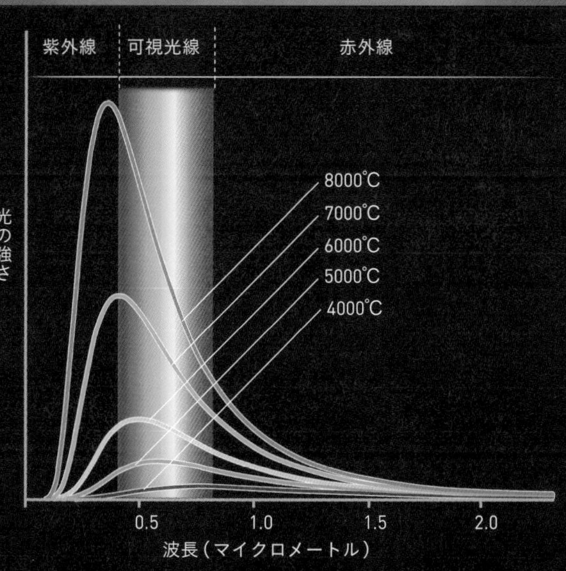

鉄の棒をハンマーでたたくと磁石になる

鉄の棒は磁石にくっつきます。これは，鉄の原子一つひとつが磁石になっているためです。**これを「原子磁石」とよびます。鉄の原子磁石が外部の磁石と引きつけ合うと，両者がくっつくのです。**

しかし，通常の鉄の棒は磁石ではありません。棒の中では鉄原子どうしの向きがそろっておらず，棒全体として磁力を打ち消し合うためです（右上の図）。ですが，**実は身近な物を使って，鉄の棒を（一時的に）磁石にすることができます。**

使うのは方位磁石とハンマーです。まず，方位磁石で南北の方向をさがします。**そして鉄の棒を南北方向に向けて，ハンマーで何回かたたきます。すると，鉄の棒が磁石になるのです。**

これは地磁気の影響です。地磁気とは地球によってつくられる磁場のことで，南北方向を向いています。鉄の棒をハンマーでたたくと，その衝撃で鉄原子が動きます。このときに棒が地磁気の向きを向いていると，原子磁石が地磁気に引きつけられて同じ向きにそろいます。そのため，棒全体として磁力を強め合うようになるのです。

ほかにも，磁場を外部から加えた状態で，鉄の棒を熱してから冷ますと磁石になります。たたく場合と同様に，加熱されることで原子磁石が向きを変えられるようになり，外部の磁場と同じ向きにそろうのです。

「原子磁石」の向きがそろうと鉄が磁石になる

鉄の棒は磁石にくっつきますが，棒自体は磁石ではありません。しかし，棒を地磁気に沿って配置して，ハンマーでたたくなどの衝撃をあたえると，磁石になります。これは，磁石の性質をもつ鉄原子がハンマーでたたかれた衝撃によって動く際に，その向きが地磁気の方向にそろうためです。

通常の鉄の棒

鉄原子が磁石の性質をもつのは電子のおかげです。電子はスピン（69ページ）の向きによってN極とS極の向きが決まり，N極が上の電子とS極が上の電子はペアになります。そのため多くの物質では磁石の性質が打ち消し合いますが，鉄原子はペアになっていない電子が四つ存在するため，磁石の性質を強くもちます。

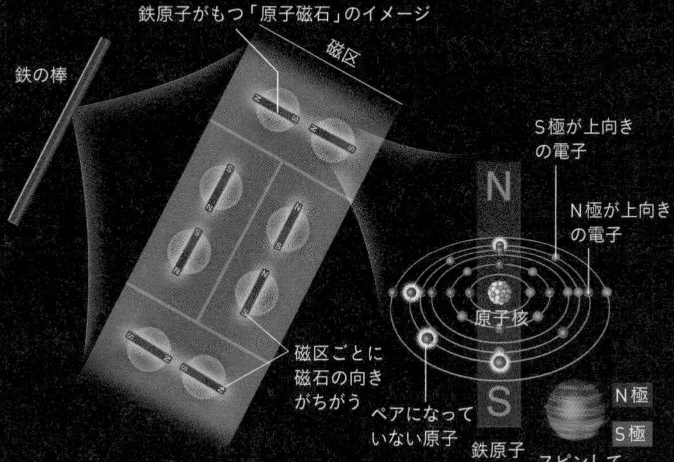

鉄の棒を地磁気の向きに配置し，ハンマーでたたいた場合

鉄の棒をハンマーでたたくと，その衝撃で鉄原子が動きます。このとき，鉄の棒が地磁気の方向を向いていると，鉄原子の原子磁石が地磁気の方向に引きつけられて同じ向きにそろいます。そのため，棒全体として磁力が強め合うようになり，磁石になります。

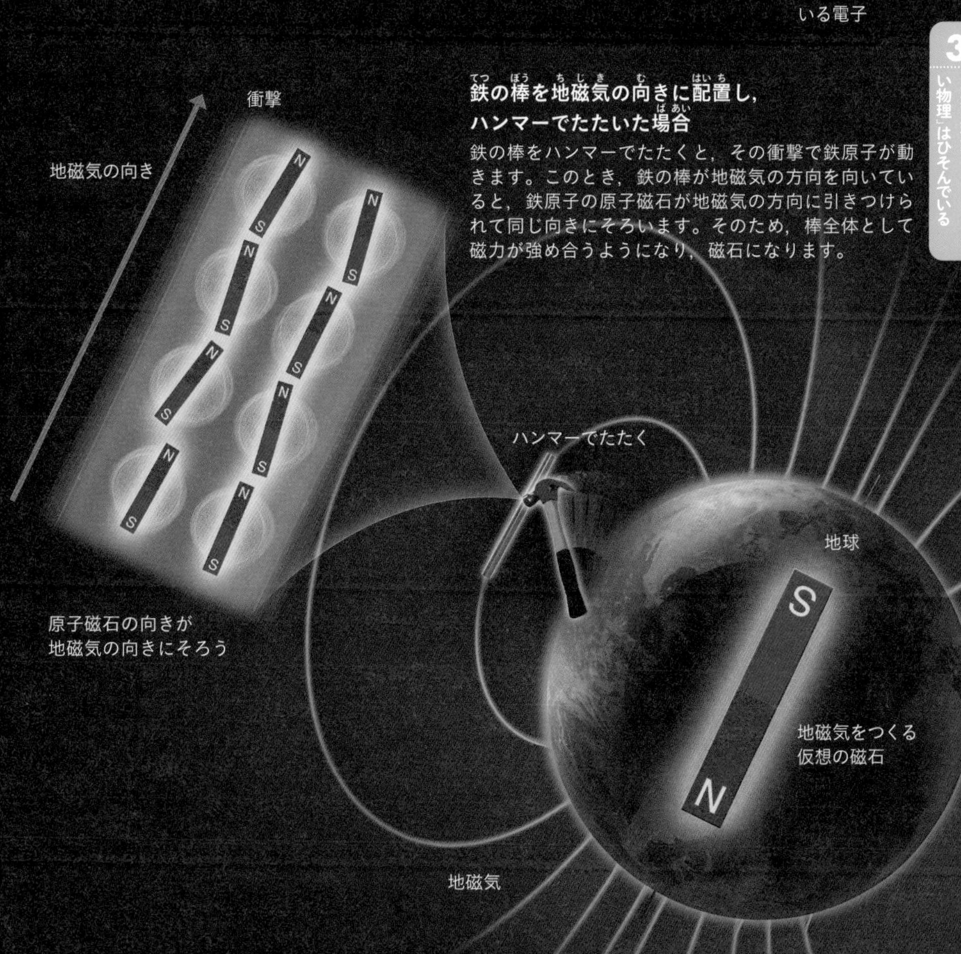

衝撃

地磁気の向き

原子磁石の向きが地磁気の向きにそろう

ハンマーでたたく

地球

地磁気をつくる仮想の磁石

地磁気

長いストローを使ってどの高さまで飲める？

長さ10メートルをこえる長いストローがあるとします。このストローを使って，ビルの4階（高さ約11メートルとします）から地面に置いたコップの水を飲むことはできるでしょうか？

実はこのストローで水を飲むことは絶対にできません。ストローで水を飲むとき，水自体を吸い上げていると思っている人もいるかもしれません。**しかし，実はストローで水を飲むときに吸っているのは，ストローの中にたまった空気なのです。**

コップの水面には，つねに地球の大気の重さによる圧力（大気圧）がかかっています。ここでストローに口をつけてストロー内部の空気を吸いだすと，ストロー内部の圧力が，外部の水面にかかる大気圧よりも小さくなります。すると，圧力差によって外部の水がストロー内部に入りこみます。これにより，ストロー内部の水面が持ち上がって水を飲めるのです。**つまり，ストローの中で水を持ち上げているのは大気圧なのです。**大気圧によって水を持ち上げている以上，大気圧の強さで水を持ち上げられる高さの限界が，水を飲めるストローの長さの限界になるのです。

大気圧の強さは1平方センチメートルあたり1.033キログラムです。つまり，大気圧によって底面積が1平方センチメートルの「水柱」がどんどんと持ち上げられていくことを考えると※，水柱の重さが1.033キログラムになったときに，水柱の底面にかかる大気圧と水柱の重さによる圧力がつり合います。そのため，それ以上水は持ち上がらなくなります。

そして，体積が1立方センチメートルの水の重さは1グラムであることを考えると，底面積1平方センチメートルの水柱の重さが1.033キログラムになる高さは10.33メートルです。**つまり，大気圧によって水を持ち上げることができる高さは，10.33メートルが限界なのです。**

大気圧の限界がストローの長さの限界

コップの水面は大気圧によってつねに押されています。ストローを吸うと，ストローの中にある空気の圧力が小さくなります。そのため，大気圧に押されている水がストロー内に入りこみ，水が上がってきます。こうしてストローで水が飲めるのです。しかし，大気圧の力では水を10.33メートルしか持ち上げられないため，それ以上の高さからストローで水を飲むことは不可能です。

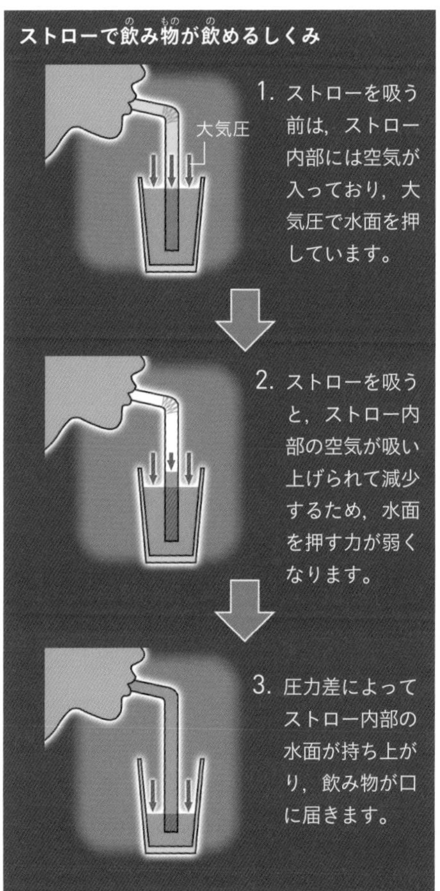

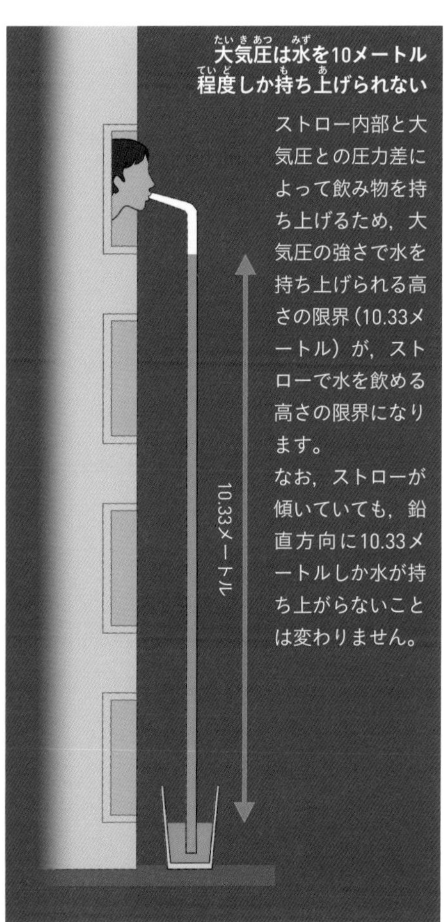

注：危険なので，イラストのような行為は行わないでください。

※：圧力とは「単位面積あたりにかかる力」のことであり，水柱の底面積（＝ストローの太さ）が変化すればその分，大気圧による力の大きさも変化するので，水柱の底面積は現象の本質には関係ありません。

電柱の電線が「3本セット」になっている理由は？

電線は3本一組。見慣れた光景にも物理がかくれている

電柱の電線は，多くの場合3本一組で張られています。これは送電に「三相交流」という方式が使われているためです。三相交流は，大電力を使用する工場などの施設に安定して効率よく電力を送ることができるなど，単純な「単相交流」にくらべてさまざまな利点があります。電線のような見慣れた光景にも，物理がかくれているのです。

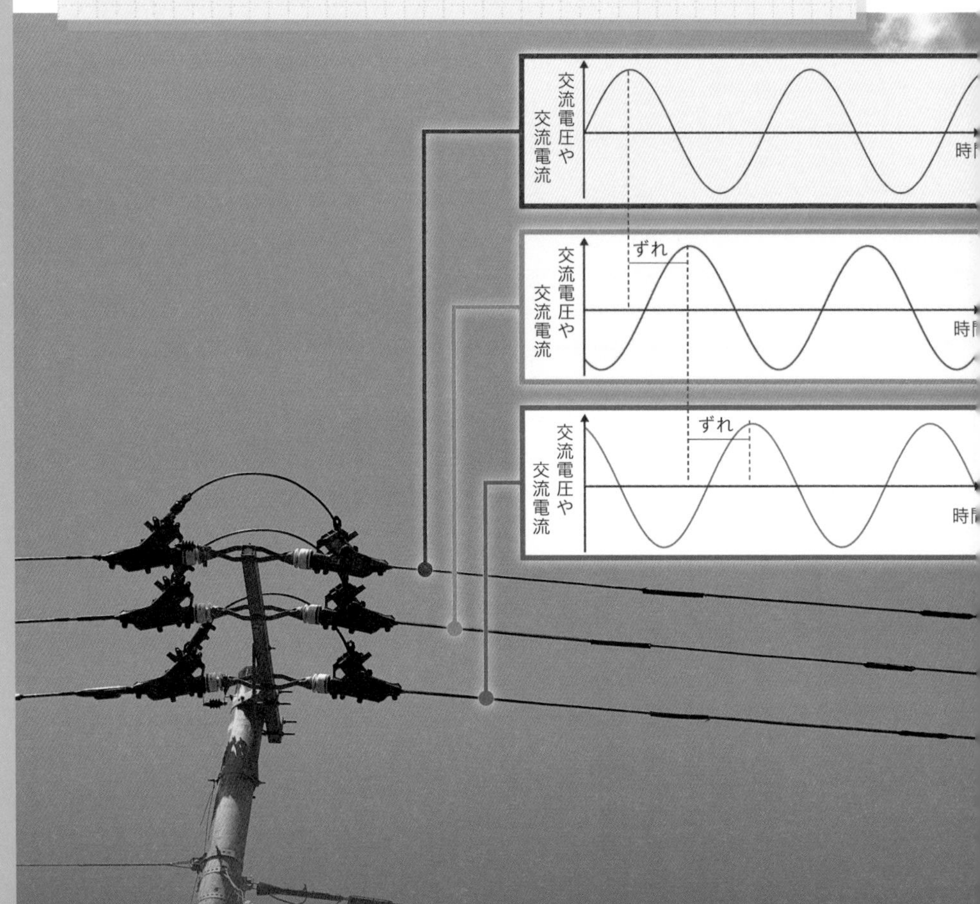

電線は，ほとんどが3本一組です。しかし，電線を「発電所と家庭をつなぐ回路」と単純に考えると，発電所からの「行き」と家庭からの「帰り」の2本で十分に思えます(1)。なぜ，3本なのでしょうか？

理由は，発電所からの送電に「三相交流」という方式が使われているからです。電圧や電流の向きが周期的に変化する回路を「交流回路」といいます。一方，乾電池をつないだときのように，一定の電圧・電流がかかりつづける回路を「直流回路」といいます。**交流回路は，直流回路にくらべて電力の損失などを少なくできるため，発電所から家庭へは交流回路によって電力が送られています**。

三相交流とは，交流の回路を三つ組み合わせたものです。電圧や電流の値が同じなら，回路一つの場合(単相交流)にくらべて，当然ながら送ることができる電力(＝電流×電圧)は3倍です。しかし，実はこれが三相交流を使う理由ではありません。

実は，三つの電線にかかっている交流電圧や交流電流は，波の山・谷(位相)が少しずつずれています。これによって本来6本の電線が必要なところを，3本ですますことができるのです(2，3)。

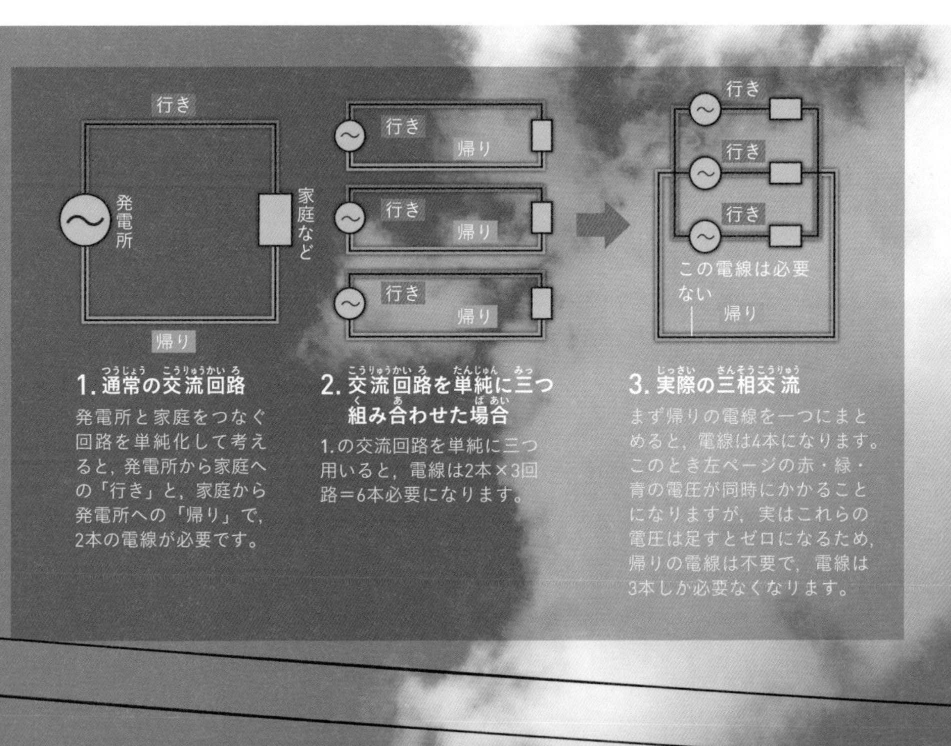

1. 通常の交流回路
発電所と家庭をつなぐ回路を単純化して考えると，発電所から家庭への「行き」と，家庭から発電所への「帰り」で，2本の電線が必要です。

2. 交流回路を単純に三つ組み合わせた場合
1.の交流回路を単純に三つ用いると，電線は2本×3回路＝6本必要になります。

3. 実際の三相交流
まず帰りの電線を一つにまとめると，電線は4本になります。このとき左ページの赤・緑・青の電圧が同時にかかることになりますが，実はこれらの電圧は足すとゼロになるため，帰りの電線は不要で，電線は3本しか必要なくなります。

夜空の星は見えている方向には存在しない

夜空に美しい星をみつけたり，有名な星座をさがしたりすることは，天文ファンならずとも心おどる体験のはずです。

しかし，実は夜空の星は，あなたの見ている方向には存在しないのです。星の位置が変わってしまうのは，地球の大気による光の屈折のためです。地球の大気は地表付近で最も密度が高く，高度が高くなるほど密度が下がります。そして，大気の密度が大きいほど，光の屈折率は大きくなります。屈折率のちがう物質どうしの境界で，光は屈折をおこします（右上の図）。

そのため，宇宙から星の光が地表の私たちに届くまでに，光は屈折してしまうのです（例外として，頭の真上から垂直に届く光は屈折しません）。光は天頂の方向に向かって少し浮き上がって見え，この浮き上がりの度合いを「大気差」といいます。**地平線に近い，高度の低い光ほど，浮き上がりは大きくなります。**

大気差による浮き上がりの大きさは，気温や気圧，湿度，光の波長によっても微妙に変わりますが，平均すると高度0°（＝水平方向）から届く光で約35分角（約0.58°）になります。これは，太陽や満月の見かけの直径とほぼ同じです。**つまり，地平線ぎりぎりの高さに見えるはずの星は，太陽1個分も浮き上がって見えているのです。**

大気を通ると光は曲がる

夜空の星や太陽・月などからくる光は，地球の大気を通過して私たちの目に届きます。大気は地表に近いほど密度が大きくなり，大気の密度が大きくなると光の屈折率が大きくなるため，光が大気を通過すると屈折がおきます。そのため，天体の見かけの位置は本来よりも浮き上がって見えます。この浮き上がりの度合いを大気差といいます。

密度が大きい物質を通る光は遅くなる

大気圏内は宇宙空間より大気分子の密度が高いため，光の速度が遅くなります。光を幅のある帯のように考えると，波の一部は大気圏内に，ほかの部分は宇宙空間にあるという状態ができます。すると，場所によって光の進む速さが変わるため，屈折します。分子の密度が高いと光の速度が遅くなるのは，光は分子を振動させ，そこから光が放出され，再度別の分子を振動させ……をくりかえすためです。

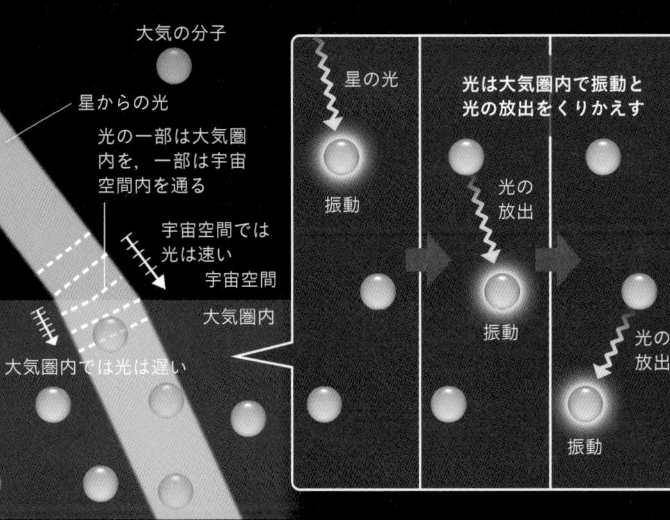

星が見える方向

星が実際存在する方向

宇宙空間

大気分子の密度が小さく光の速度が速い。

大気の分子

大気圏内

大気分子の密度が大きく光の速度が遅い。とくに地表に近づくほど分子の密度が高まるため，光の速度が遅くなる。

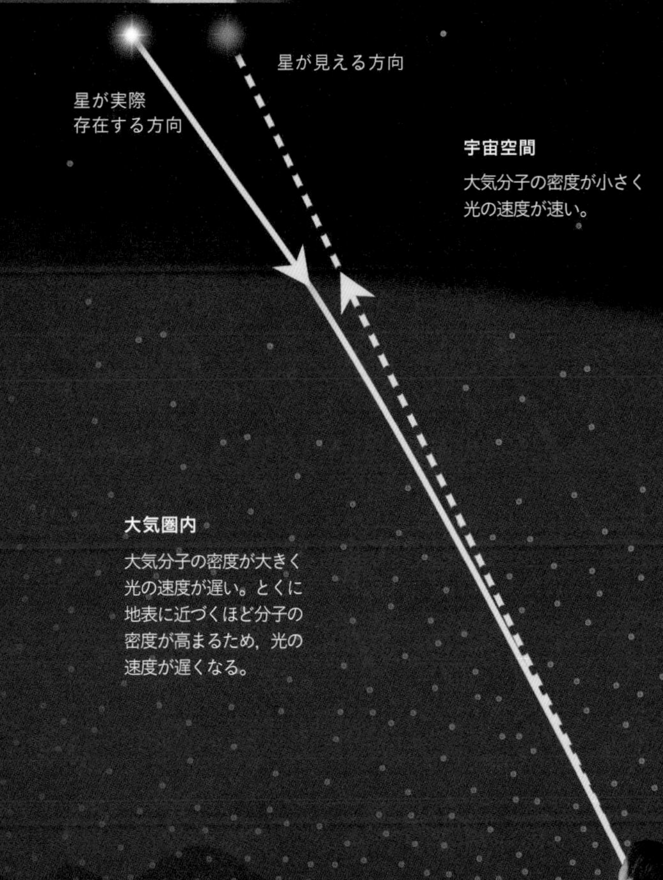

注：図では光の曲がり方を誇張しています。また，宇宙空間と大気圏の境界面で光が屈折するように簡略化してえがいていますが，実際には大気の密度は連続的に変化するため，星からの光は曲線をえがいて屈折します。

あたためると，金属はのびてゴムはちぢむ

透明のフィルムがぴったりと張りついている包装を「シュリンク包装」といいます（右ページの写真）。シュリンク包装用のフィルムは，ポリエチレンなどの一般的なプラスチックを加工したもので，フィルムに熱をあたえると収縮して製品にぴったりと張りつきます。

プラスチックは，有機分子が鎖のように長くつらなった「高分子（ポリマー）」とよばれる分子が集まってできています。高分子の素材をあたためるとちぢむという現象は，ゴムの性質として発見されました。考えてみると，これは不思議な現象です。**たとえば金属など，たいていの物質はあたためると体積がふえます（熱膨張）。なぜ，シュリンク包装用のフィルムやゴムはあたためるとちぢむのでしょうか？**

この現象には，フィルムを形づくる分子の性質がかかわっています。ゴムを例に説明しましょう。ゴムは鎖状の有機分子が集まってできています。鎖どうしは硫黄原子を仲立ちとしてつながっており，全体としては網目状の構造をつくります。ゴムがのびた状態では，鎖が引きのばされて分子が整列します。一方ゴムがちぢんだ状態では，鎖はゆるんで乱雑な状態になります。**つまり，引きのばされたゴムはちぢんだゴムにくらべて“乱雑さ”が減り，分子全体がより規則正しい配列になっているのです。**

こうした原子・分子の集団がもつ“乱雑さ”を，熱力学では「エントロピー」という量であらわします。膨大な数の原子・分子からなる物質は，熱を加えられるとエントロピーがふえる方向に変化しようとする性質があります。

ゴムは，引きのばされた状態よりもちぢんだ状態のほうがエントロピーが大きくなります。そのためあたためられるとちぢむのです。

熱を加えてプラスチックをちぢめる

熱を加える前のシュリンク包装（左）と，加えたあとのシュリンク包装（右）のようす。熱を加えることでフィルムが収縮し，ペットボトルにぴったりとくっついていることがわかります。熱収縮フィルムは，製造工程でプラスチックを引きのばして分子を整列させて，エントロピーが小さい状態にしてあります。そのため，製品を包装する際に熱を加えると，エントロピーが大きくなるように収縮し，製品にぴったりと張りつくのです。

音は曲がったり，はね返ったりする

昼は遠くの音が聞こえにくく，夜は遠くの音がよく聞こえる

日中は地表に近いほど気温が高くなります。音は，上空よりも気温が高い地表近くのほうが速く伝わります。そのため音が上空へ向かって屈折していき，はなれた高台の家では，警笛の音が聞こえません。夜は地表近くの気温が下がります。すると，比較的あたたかい上空のほうが音が速く伝わるようになり，音は地上に向かって屈折していきます。そのため高台の家で，警笛の音が聞こえるようになります。

山の上で「やっほー」と叫ぶと，「やっほー」と「やまびこ」が返ってきます。これは，山に当たって反射した自分の声です。**このように，音は物体に当たると反射します。**

音の反射しやすさ（反射率）は物体の材質によってことなります。やわらかい物や表面が凸凹している物は反射しにくく，かたくてすべすべしている物は反射しやすいです。

音は屈折するという性質ももっています。夜になると遠くにあるお寺の鐘の音などが，昼間よりもよく聞こえることがあります。**これは夜のほうが静かだからという理由だけでなく，音の屈折が関係しています。**

天気がいい日の日中は地面が太陽にあたためられ，地表近くの空気が熱くなります。音は熱い空気の中ほど速く進むので，温度が低い上空に向かって音が曲がってしまい，遠くへ届きにくいのです。逆に夜になって地面が冷えると，上空の気温のほうが高くなります。すると今度は，冷たい地表に向かって音が曲がるので，地表では音が遠くまで伝わるのです。

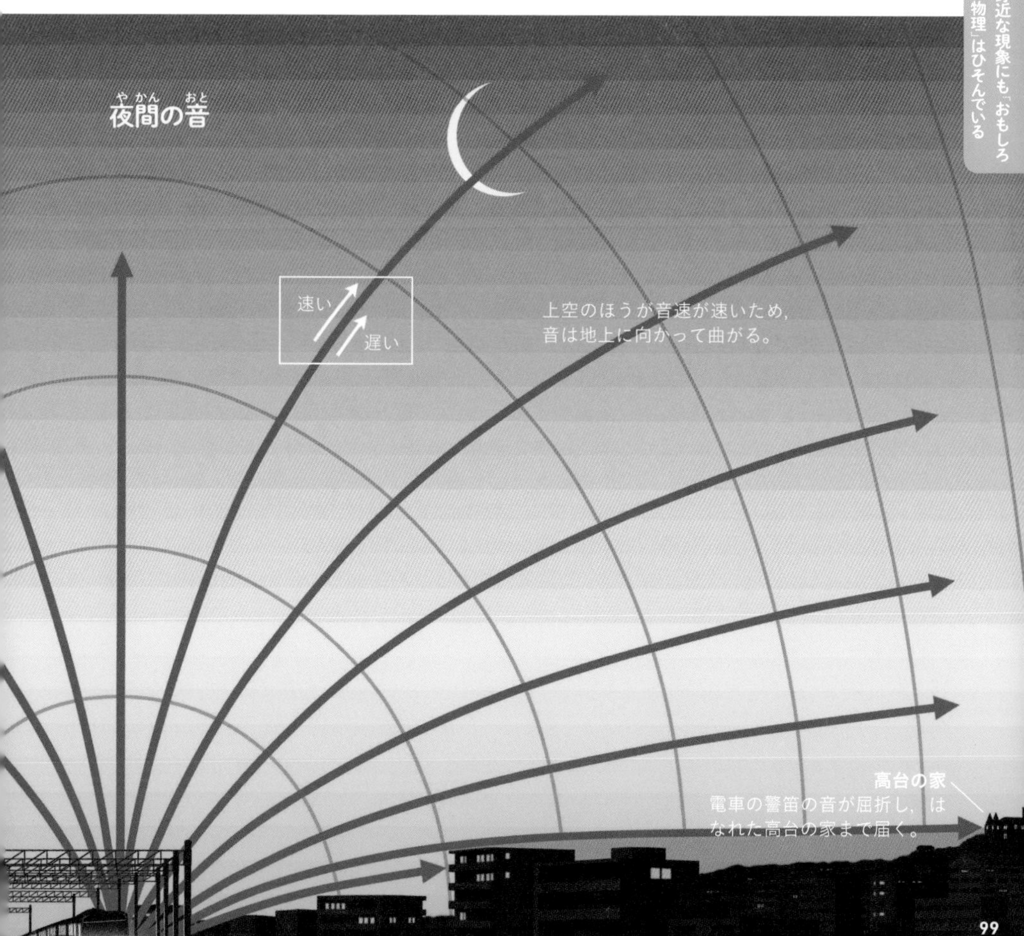

電子レンジは，マイクロ波が食品の水分子をゆらす

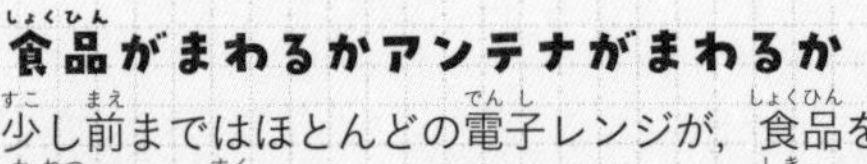

食品がまわるかアンテナがまわるか

少し前まではほとんどの電子レンジが，食品を回転させて加熱ムラを少なくする「ターンテーブル式」でした。現在は底面内部のアンテナを回転させてマイクロ波を拡散させる「フラットテーブル式」が主流になっています。

電子レンジは「マイクロ波」を使って食品をあたためます。マイクロ波は，光や赤外線などと同じ電磁波です。電子レンジで使われるマイクロ波は，波長が約12センチメートルで周波数が2.4ギガヘルツ，1秒間に24億5000万回振動します。

電子レンジでは，マイクロ波を食品に当てて中の水分子を動かします。水分子がはげしく動かされることで温度が上がり，食品もあたたまるのです。マイクロ波はガラスや陶磁器などはほとんど通過するため，食品だけをあたためることができます。

一方でマイクロ波は金属には反射します。電子レンジが金属でおおわれているのは，電磁波を外に出さないためです。正面は中が見えるように，穴のあいた金属がはめこまれたガラスになっています。

マイクロ波を発生させているのが，「マグネトロン」という円筒形の装置です（右下の図）。磁石の間の電極に高電圧をかけると，磁場の影響で電子が回転します。この動きによってマイクロ波が発生するのです。

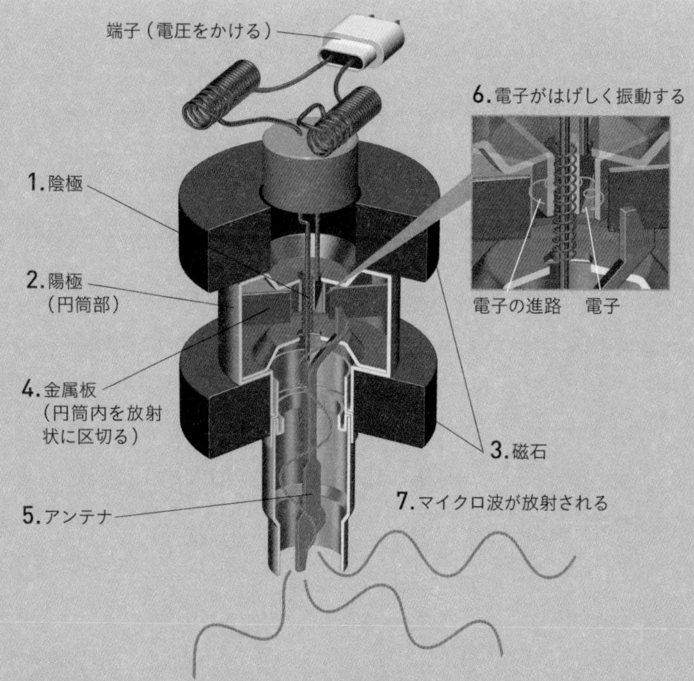

マイクロ波を発生させるマグネトロン

陰極（1）の周囲を円筒型の陽極（2）が囲み，円筒の上下を磁石（3）ではさんでいます。陽極の円筒内には，放射状に金属板（4）が配置されており，その一つにマイクロ波を外にみちびくアンテナ（5）が取りつけられています。ヒーターになっている陰極に電流を流して発熱させ，陰極と陽極の間に高電圧をかけると，陰極から電子が放たれます。電子は陽極に向かいますが，磁石の磁場の影響で進路を曲げられ，はげしく振動しながら円筒内をぐるぐるとまわります（6）。すると円筒内でマイクロ波が発生し，アンテナを介してマイクロ波が放出されるのです（7）。

LEDが省エネで明るいのはなぜ？

今や多くの場所で，照明がLED（Light Emitting Diode：発光ダイオード）に置きかわっています。LEDは，テレビや液晶モニターのバックライトにも採用されています。**LEDは従来の白熱灯や蛍光灯にくらべて消費電力が低く，長寿命です。また水銀を含んでいないため，環境負荷が低いというメリットもあります。**

LEDはp型とn型という二つの半導体を使った発光装置です。p型半導体には電子が抜けて正の電気（positive）をおびた移動できる穴（ホール）があります。n型半導体には負の電気（negative）をおびた移動できる電子があります。二つの半導体をはり合わせて電圧をかけると，それぞれホールと電子が境界面へ動き（電気が流れ）結合します。そのときエネルギーが光として放出されるのです。

LEDはこのように，電気を直接光にかえています。一方，白熱灯ではフィラメントを熱して発光させ，蛍光灯では放電を引きおこして発光させています。加熱や放電に電力を使うため，直接発光させるLEDより消費電力が大きくなってしまうのです。

1962年に赤色のLEDがはじめて開発され，その後緑色のLEDも登場しました。**そして1990年代に，むずかしいとされていた青色のLEDが実用化されました。これにより，光の3原色がそろい，すべての色の光をつくることができるようになりました。**街なかの信号機にもLEDが使用されるようになっており，2023年3月現在，全国の信号機の約69パーセント（東京都は100パーセント）がLED信号機に置きかえられています。この信号機は省エネばかりでなく，くっきり見えるなど機能的にもすぐれたものになっています。

現在広く使われている白色のLED照明は，青色LEDがなければ実現しませんでした。「青色LEDの発明」により，赤崎勇氏，天野浩氏，中村修二氏が2014年にノーベル物理学賞を受賞しています。

省エネで明るいLED

白熱灯ではフィラメント（金属線）を熱して，蛍光灯では放電を引きおこして発光させます。白熱灯や蛍光灯が加熱や放電に電力を使うのに対し，LED電球は電気を直接光にかえるため，同じ明るさを得るための消費電力は蛍光灯の半分程度といわれています。また，LED電球の寿命（一般に明るさが新品の70%に落ちるまでの時間）は長く，4万時間程度とされます。これは白熱灯の25〜40倍，蛍光灯の4〜7倍です。

白熱灯

物質は温度が1300℃をこえると，白っぽく見える光を放つようになります。白熱灯に電流を流すと，フィラメントが熱せられて2000〜3000℃になり，白っぽく光って見えます。

蛍光灯

電圧をかけると電極から高速の電子が飛びだし（放電し），ガラス管の中に封入された水銀の原子と衝突します（1）。水銀の原子は電子のエネルギーを受けとり，紫外線を放出します（2）。放出された紫外線のエネルギーは，ガラス管の内面に塗られた蛍光塗料に吸収されます。吸収されたエネルギーは，可視光として放出されます（一部は熱としてうばわれる）（3）。

1. 電子と水銀原子が衝突
水銀原子
電子
2. 水銀原子が紫外線を放出
紫外線
3. 蛍光塗料が白色光を放出
口金（電極は管の内側にある）

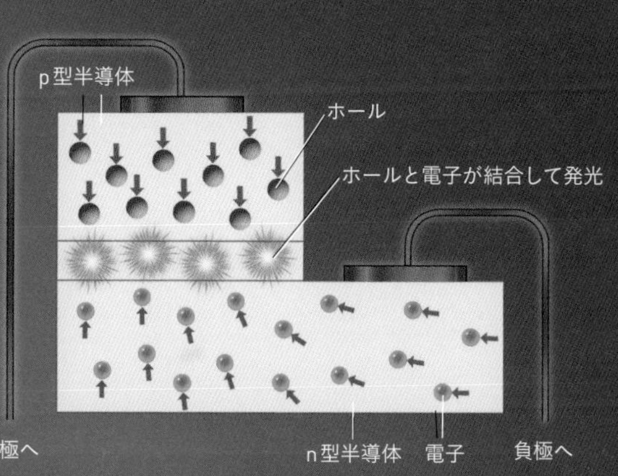

LED

上側はホール（電子が抜けた“穴”）が流れるp型半導体，下側は電子が流れるn型半導体です。電圧をかけると，ホールと電子が動いて接触面で結合し，もっていたエネルギーの一部を光として放出します。

コーヒーブレイク

COFFEE BREAK

生命活動にかかわる量子力学

生物の多くは，呼吸で酸素を取り入れ，二酸化炭素を排出しています。そして，呼吸の化学反応の過程で「ATP（アデノシン三リン酸）」という分子を大量につくっています。ATPとは，あらゆる生命活動のエネルギー源になる分子です。

ATPが合成されるためには，さまざまな分子の間を電子が次々と伝わらなければなりません。通常の酸化還元反応※では，分子どうしが衝突することで反応が進みます。しかし，電子伝達系の反応では，分子どうしの距離がはなれすぎて衝突がおきません。どうやって電子が伝わるのでしょう？

ここで登場するのが，量子力学の現象，「トンネル効果」です。電子は，ふだんは点のような粒子として1か所にだけ存在しているのではなく，雲のように広がって存在しているといいます。**すると量子力学では，一定の確率でエネルギーの障壁をすり抜けられると考えられています。**その電子の雲が，エネルギーの障壁に“トンネル”をあけて移るようにみえることから，この現象はトンネル効果とよばれています。これによって電子は分子間を移動し，反応をおこしているのです。

※：ある分子から別の分子へと電子が移動する化学反応。

電子が「トンネル効果」で坂を乗りこえる

電子などのミクロな粒子は，十分なエネルギーをもっていなくとも，まるでトンネルを掘って進むようにエネルギーの障壁をすり抜けることがあります。これがトンネル効果です。これは，量子力学では，粒子は点ではなく“雲”のようにぼんやりと広がって存在していると考えられるためにおきる現象です。

トンネル効果
エネルギーの
障壁
電子などの
ミクロな粒子
トンネル効果によって
障壁をすり抜ける

4 感動する「物理学者の頭の中」

物理学の歴史は，柔軟な発想で打ち立てられた理論と，それを証明するための地道な実験のくりかえしです。4章では，物理学に登場する法則や理論を，それを発見した科学者のエピソードをまじえながら紹介していきます。

「自転する地球から飛ばされない」のはガリレオが解明した「慣性」のおかげ

地球の大気も自転の速度で動いている

地球上に立っている私たちや，地球の表面をおおう大気は，自転と同じ速度で動きつづけています。この動きは，外から力がはたらかないかぎり止まりません。地球上のすべてのものが同じ速度で動きつづけているので，私たちは自転に気づくことはないのです。

地球は1日1回自転しており，赤道付近における自転の速度は時速約1666キロメートルです。これほどの速さで動いているなら，地球上の私たちは自転の方向とは反対向きに吹く猛烈な向かい風をつねに受けそうなものですが，そんなことはおきません。

実は，大気を含む地球上のすべての物体は，地球の自転と同じ速度でまわりつづけています。そのため，私たちは自転を感じないのです。静止している物体は外から力を受けないかぎり静止しつづけ，運動する物体は外から力を受けないかぎり同じ速度で運動をつづけます。この性質を「慣性」とよびます。

物体に慣性があることにはじめて気づいたのは，46ページにも登場したイタリアの科学者ガリレオ・ガリレイ(1564～1642)です。ガリレオは，斜面を転がる球に関するたくみな「思考実験」を行い(右下の図)，物体に慣性があることを論証したのです。

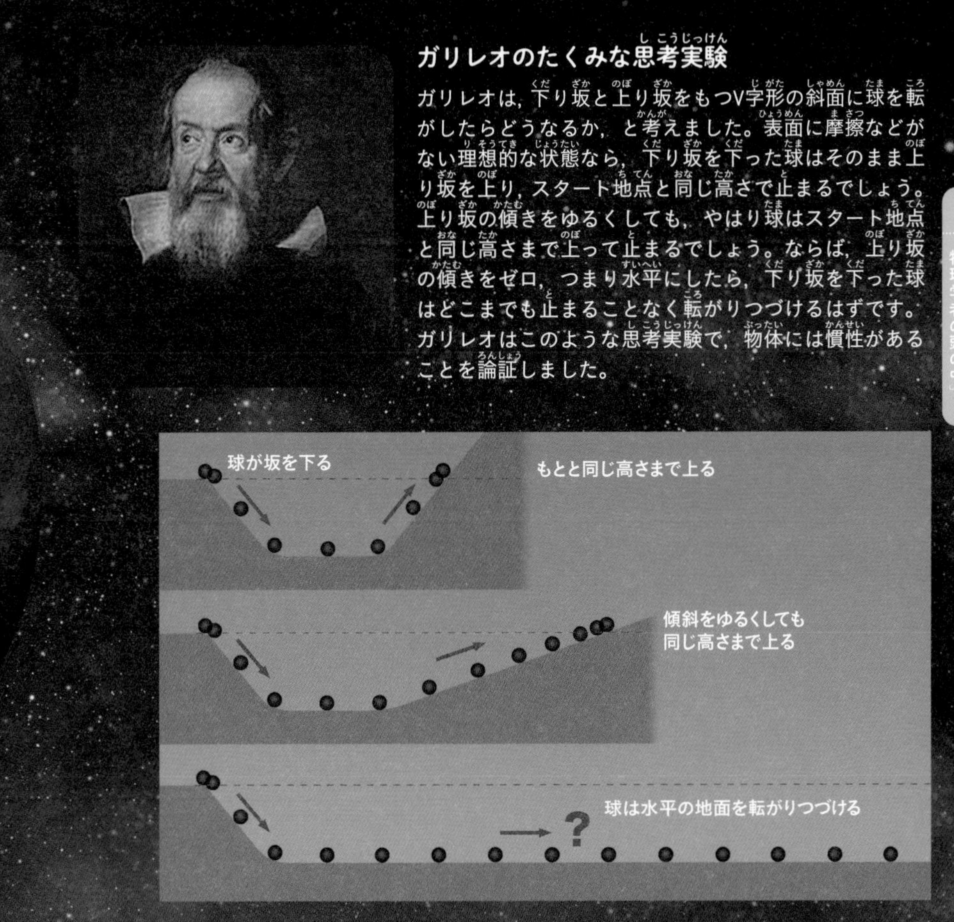

ガリレオのたくみな思考実験

ガリレオは，下り坂と上り坂をもつV字形の斜面に球を転がしたらどうなるか，と考えました。表面に摩擦などがない理想的な状態なら，下り坂を下った球はそのまま上り坂を上り，スタート地点と同じ高さで止まるでしょう。上り坂の傾きをゆるくしても，やはり球はスタート地点と同じ高さまで上って止まるでしょう。ならば，上り坂の傾きをゼロ，つまり水平にしたら，下り坂を下った球はどこまでも止まることなく転がりつづけるはずです。ガリレオはこのような思考実験で，物体には慣性があることを論証しました。

現代文明を支える パスカルの原理

フランスのブレーズ・パスカル（1623 ～ 1662）は，「人間は考える葦である」という言葉を残したことでも有名です。**彼は哲学者であると同時に，一流の科学者でもありました。なかでも，彼が発見した「パスカルの原理」は，現代の機械文明に欠くことができない重要なものとなっています。**

パスカルは，大気などの流体（気体や液体など）にはたらく力について研究しました。そして，流体が容器に密閉されているとき，容器内のどの点においても圧力が等しいことを発見しました。さらにパスカルは，容器の中に密閉された流体のある面に圧力をかけると，圧力の上昇が瞬時に流体のすべての面に伝わり均一化されることも発見しました。これが「パスカルの原理」です。

パスカルの原理を使えば，小さい力を大きな力に変換することができます。たとえば，断面積がことなる二つの筒を管でつないで，その中に液体を満たしたとします（右下の図）。このとき，パスカルの原理によれば，細い筒のピストンに力をかけると，同じ圧力が太い筒のピストンにもかかります。圧力が同じとき，かかる力は面積に比例します。そのため，断面積の小さいピストンにかかった力にくらべて，より大きな力が断面積の大きいピストンにかかるのです。

パスカルの原理を使った代表的な装置の一つが，自動車のブレーキシステムです（右中央の図）。また，油圧ショベルやブルドーザーなどの建設機械，最新のロボットなどに使われる「油圧装置」にもパスカルの原理が使われています。

断面積が20倍ちがうピストン

人間の体重（50キログラム）で断面積が小さい側のピストンを押すと，車（1000キログラム）がのっている断面積が大きいピストンに20倍の力がかかり，動かすことができます（右下の図）。ただし，人間側のピストンが動く距離の20分の1しか自動車側のピストンは動きません。

圧力の単位は「パスカル」

「圧力」とは，単位面積あたりにかかる力のことです。その単位であるPa（パスカル）はパスカルの名前に由来しています。また，私たちの文明を支えている土木・建設機械や乗り物には，ほぼすべてにパスカルの原理を利用した油圧装置が使われています。

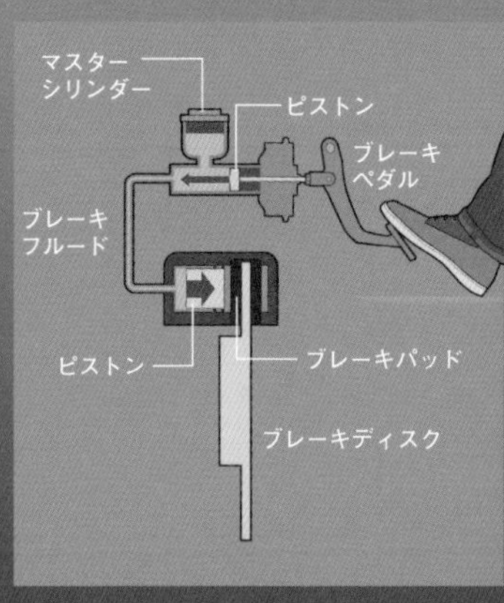

自動車のブレーキのしくみ

運転席のブレーキペダル側のピストンと車軸側のピストンが「ブレーキフルード」という液体の入った管でつながっています。ブレーキペダルを踏むと，その力がブレーキフルードを介して車軸側に伝わり，大きな力となってブレーキディスクにブレーキパッドを押しつけ，車を減速させます。

未来の天体も予測！ ニュートンの運動法則

ニュートン力学の土台となる三つの法則

1. 慣性の法則
外から力を受けていない物体は，静止している場合は静止しつづけ，運動している場合は運動をつづけるという法則です。

2. 運動の法則
物体の加速度（a）は加わる力の大きさ（F）に比例し，質量（m）に反比例するという法則です。式にすると「$F=ma$」です。

3. 作用・反作用の法則
物体Aが物体Bに力をおよぼすとき，物体Aは同じ大きさの逆向きの力を物体Bから受けるという法則です。

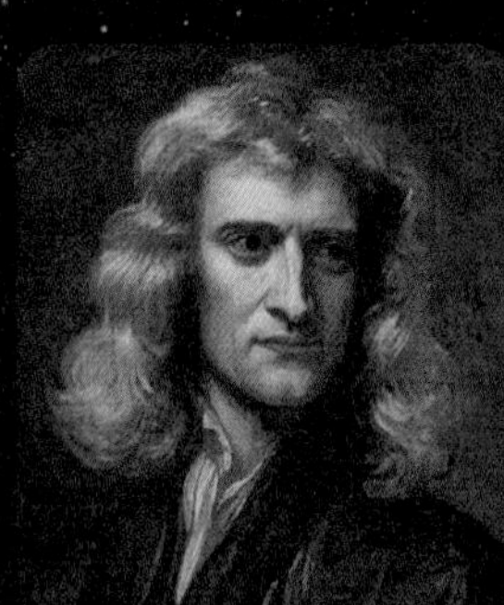

ハレーの後押しで出版された『プリンキピア』

「惑星が，距離の2乗に反比例する力で太陽に引きつけられるとしたら，その惑星はどんな軌道をえがくだろうか?」とハレーがたずねると，ニュートンは「楕円になるだろう」と即答したといいます。ハレーは，その計算方法を論文として出版することをしぶるニュートンを説得しました。また，出版直前に王立協会からの資金提供をことわられると，ハレーは自費で出版費用を工面しました。こうして1687年に出版されたのが『プリンキピア』です。

万有引力の法則を発見したイギリスのアイザック・ニュートン（1643 ～ 1727）は，物体にはたらく力と運動の関係をあらわす「ニュートン力学」を確立しました。これは，野球のボールの動きから天体や宇宙探査機の軌道まで，あらゆる物体の運動を正確に記述する物理理論です。

ニュートン力学の土台となるのは，「運動に関する三つの法則」です（左下）。とくに「運動の法則」では力と運動の関係を，はじめて適切に定義しました。**そして，この世界に存在するすべての物質は，初期条件（ある時刻での位置と速度）と物体にはたらく力さえわかれば，将来の位置と速度を正確に計算できることがわかりました**。たとえば，ハレー彗星の出現も，ニュートン力学によっていいあてられたのです（右下）。

ニュートン力学によると，今から300年ほど先の2312年4月8日，日本の本州から九州で金環日食（太陽が月にかくされ細いリング状に見える現象）が観察されるといいます。

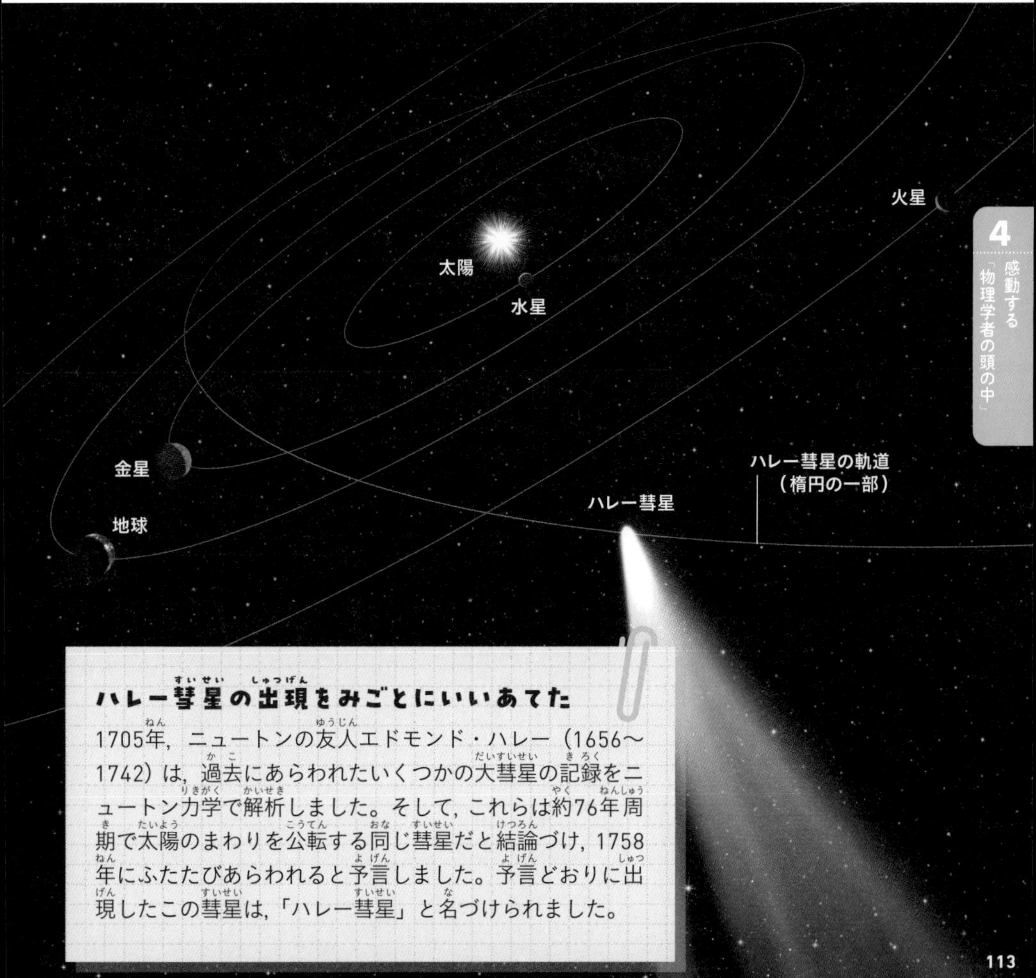

太陽
水星
火星
金星
地球
ハレー彗星
ハレー彗星の軌道（楕円の一部）

ハレー彗星の出現をみごとにいいあてた

1705年，ニュートンの友人エドモンド・ハレー（1656～1742）は，過去にあらわれたいくつかの大彗星の記録をニュートン力学で解析しました。そして，これらは約76年周期で太陽のまわりを公転する同じ彗星だと結論づけ，1758年にふたたびあらわれると予言しました。予言どおりに出現したこの彗星は，「ハレー彗星」と名づけられました。

「熱」の存在を明らかにした ジュールの実験

ジュールの実験装置

重りの位置が下がると滑車と回転軸と羽根車が連動してまわります。すると，水がかきまわされ，摩擦熱によって温度が上昇します。この実験装置は，重りの位置エネルギーが水分子の運動エネルギーに変換されることを示したものだともいえます。

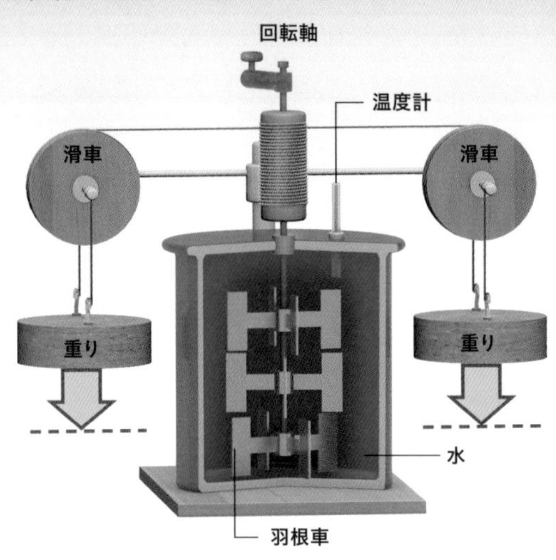

冷たい水分子は遅い速度で運動している

エネルギーとは，「物体に力を加えて動かす能力」のことです。物体に力を加えて動かすことを物理学では「仕事をする」といいます。エネルギーも仕事の量も，どちらも単位は「ジュール（J）」であらわします。

エネルギーはさまざまな形へと変化しますが，その総量はいつでも変わりません（エネルギー保存則）。このような考え方の“きっかけ”をつくったのが，イギリスのジェームズ・プレスコット・ジュール（1818～1889）とドイツのユリウス・フォン・マイヤー（1814～1878）です。

ジュールは，水槽の水を羽根車でかきまわす実験を行い，羽根車の仕事量と発生する熱の量の間には一定の関係があることを発見しました。マイヤーも空気の比熱※に関する理論計算から，ジュールとほぼ同じ関係をみちびきました。二人の研究により，熱と仕事はたがいに変換可能で，熱はエネルギーの一種であることが示されたのです。

※：物質1グラムあたりの温度を1℃上げるのに必要な熱。

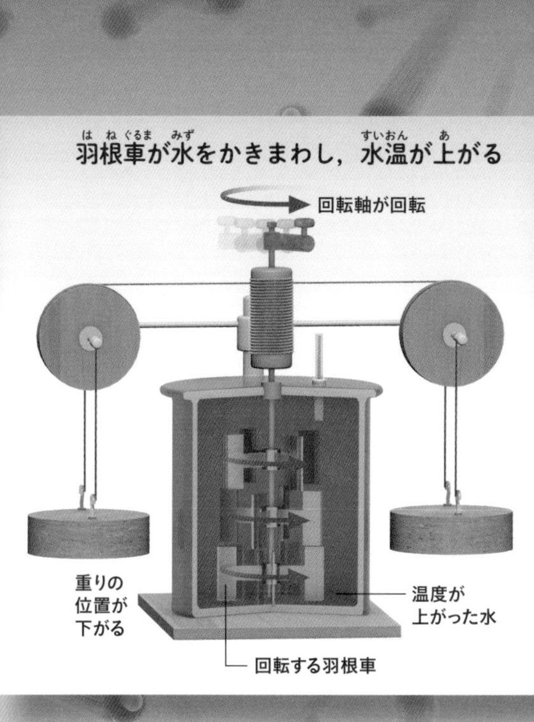

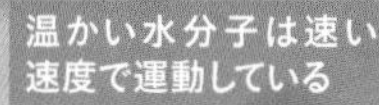

趣味の実験で重要な法則を次々と発見

ジュールは正規の学校教育は受けず，自宅で家庭教師について勉学にはげみました。そして，家業である醸造業をいとなむかたわら，自宅の一室を改造した実験室で研究を行いました。電気抵抗をもつ導体に電流を流すと熱が発生するという「ジュール熱」も，彼が発見した現象です。

熱力学によって絶たれた「永久機関」の夢

19世紀半ば，機械や鉄道・船などの動力源として「蒸気機関」が広く使われていました。蒸気機関は，石炭などの燃料を燃やしてピストンを動かし，力学的な仕事を取りだす機械です（右ページの図）。このように，**熱のエネルギーを力学的な仕事に変換するしくみを「熱機関」といいます**。

もし，熱を100％仕事に変換することができたら，たとえば海水から熱を取りだして推進力を得る船がつくれるでしょう。海水の量は膨大なので，この船は燃料いらずです。このように，一つの熱源からエネルギーを受け取りつづけて仕事にかえる装置を「第二種永久機関」とよびます。

しかし，フランスのサディ・カルノー（1796～1832）は，1824年に，熱機関の効率には限界があることを示しました。その約20年後，**イギリスのウィリアム・トムソン（ケルヴィン卿，1824～1907）やドイツのルドルフ・クラウジウス（1822～1888）も，熱を100％仕事にかえる熱機関は実現不可能であることをみちびきました。これが「熱力学第二法則」です**※。

「燃料いらずの船」の例で説明すると，海水から熱を取りだすには，海水よりも低温の物体（低温熱源）を用意して廃熱する必要があります。たとえば低温熱源として冷蔵庫を使うとなると，それを動かす電気エネルギーなどを供給しなくてはなりません。そのため，第二種永久機関のような夢の技術は実現できないのです。

※：熱力学第一法則は「気体に加えた熱量は，その気体が外にする仕事と内部にたくわえられる熱量の和に等しい」という内容で，気体におけるエネルギー保存則をあらわしたものです。

熱力学第二法則：
熱源から受け取った熱をすべて仕事に変換する熱機関は実現不可能である

熱をすべて仕事にかえるのは不可能

熱機関の動くしくみを模式的にえがきました。熱力学第二法則によれば，高温熱源から受け取った熱を100％仕事にかえることはできません。熱機関を動かしつづけるためには，必ず余った熱を低温の熱源に捨てる必要があるのです。

1. 高温熱源から熱が移動し，気体があたためられる。

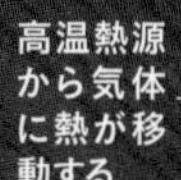
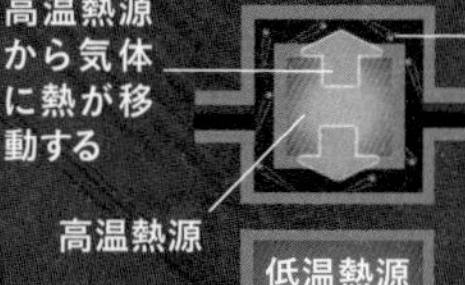

2. 高温になった気体が膨張し，車輪を回転させる。

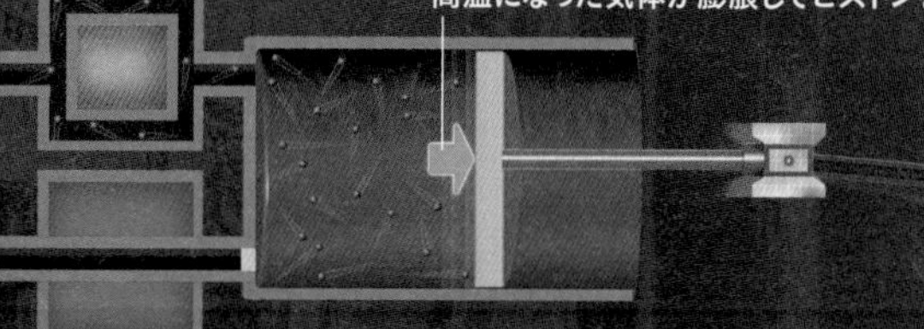

3. 低温熱源へ熱を排出し，気体が冷やされる。

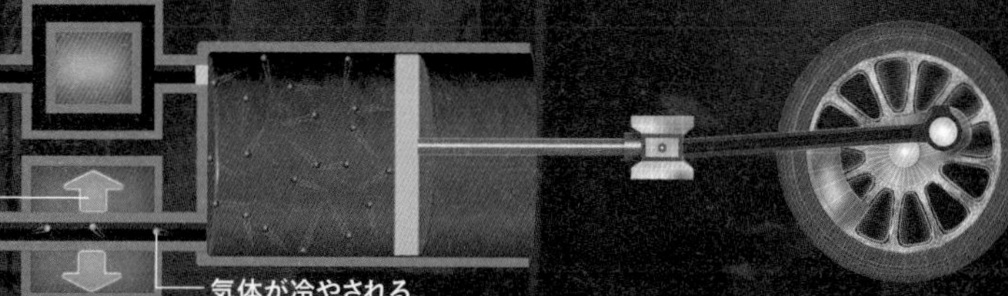

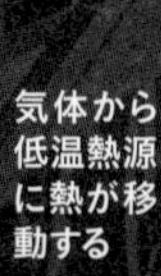

4. 冷やされた気体が収縮し，車輪を回転させる（1. にもどる）。

気象レーダーにも応用される ドップラー効果

救急車のサイレンの音は，自分に近づいてくるときには高く，遠ざかるときには低く聞こえることがあります。このように，**動く物体が発する音の高さが，物体の速度によって変化する現象を「ドップラー効果」といいます。**

ドップラー効果は音波に限らず，波を発生させる波源と観測者の間に速度の差があれば生じる現象です。1842年，オーストリアのクリスチャン・ドップラー（1803～1853）は，光のドップラー効果についてはじめて論じました。二つの恒星がたがいのまわりを公転している「連星」の光を観測すると，地球に近づく側の星の光は波長が短く（＝色が青く）なり，遠ざかる側の星の光は波長が長く（＝色が赤く）なるはずだと指摘したのです（右ページの図）。

物体に電波を発射してはね返ってくる電波を観測する「レーダー」の技術にも，ドップラー効果は使われています。照射した電波と反射した電波の波長のずれをはかれば，物体の速度を知ることもできます。この手法を「ドップラーレーダー」とよび，野球で使われるスピードガンなどに応用されています。

ドップラーレーダーの重要な使い道の一つは，気象レーダーです。気象レーダーにドップラーレーダーの手法を加えることで，雨雲の速度を知ることができ，局地的な豪雨や竜巻などの観測・予報に非常に役立ちます。この技術を利用して，現在では気象庁や民間気象会社がリアルタイムの雨雲情報や高精度の局地予報を提供しています。

ドップラー効果によって天体の色も変化する

右のイラストは，動いている天体の発する光の波長が，ドップラー効果によって変化するようすをえがきました。地球に向かって近づく天体の光は波長が短く（青っぽく）見え，遠ざかる天体の出す光の波長は長く（赤っぽく）見えます。

生前には批判にさらされたドップラー効果

ドップラーは，1842年に光のドップラー効果についての論文を発表しました。音のドップラー効果は実験的に確認されたものの，彼の業績は当初はあまり広く知られませんでした。論文の発表から10年後の1852年には，論文の妥当性についてはげしい批判にあいます。ドップラーは，その翌年の1853年に49歳で死去しました。その後もこの論争はくすぶりつづけ，エルンスト・マッハ（1838〜1916）の実験などを通してドップラーの正しさがみとめられました。

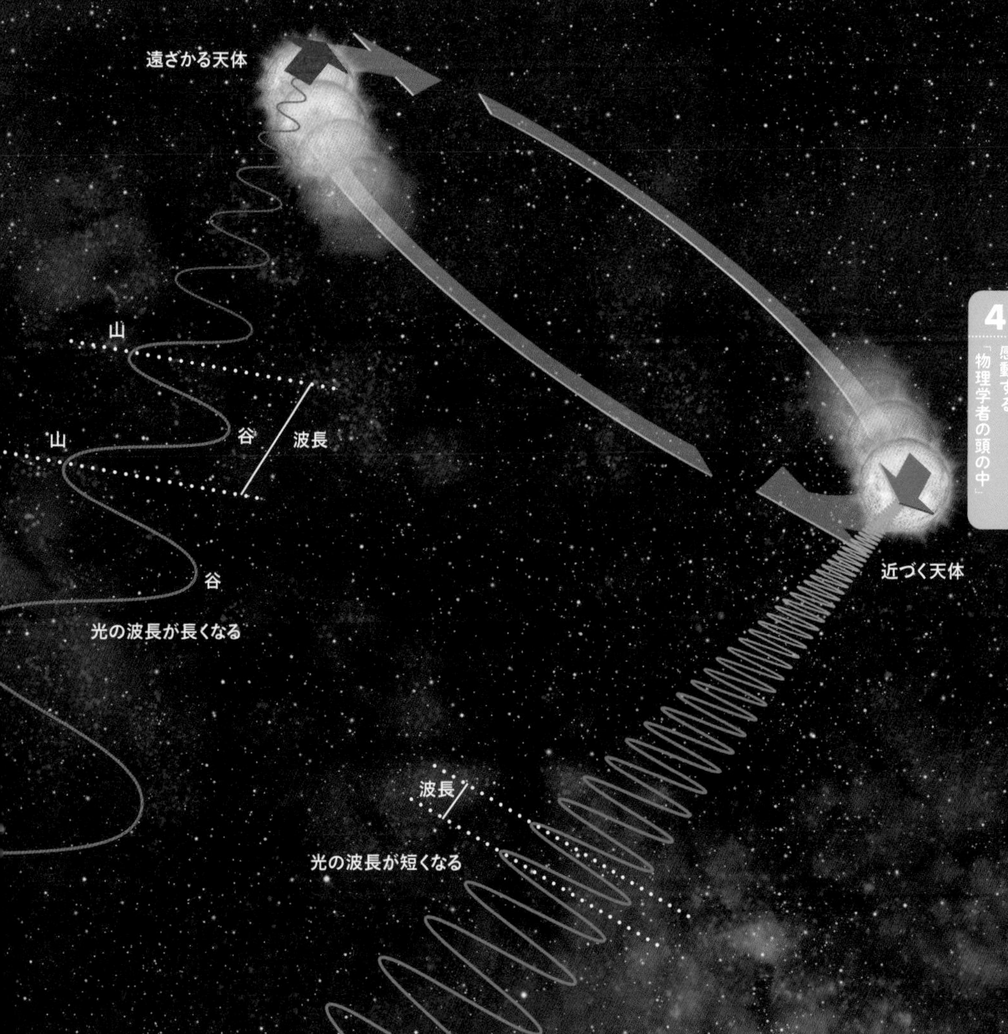

ヤングの実験が、CDやホログラムの発明につながった

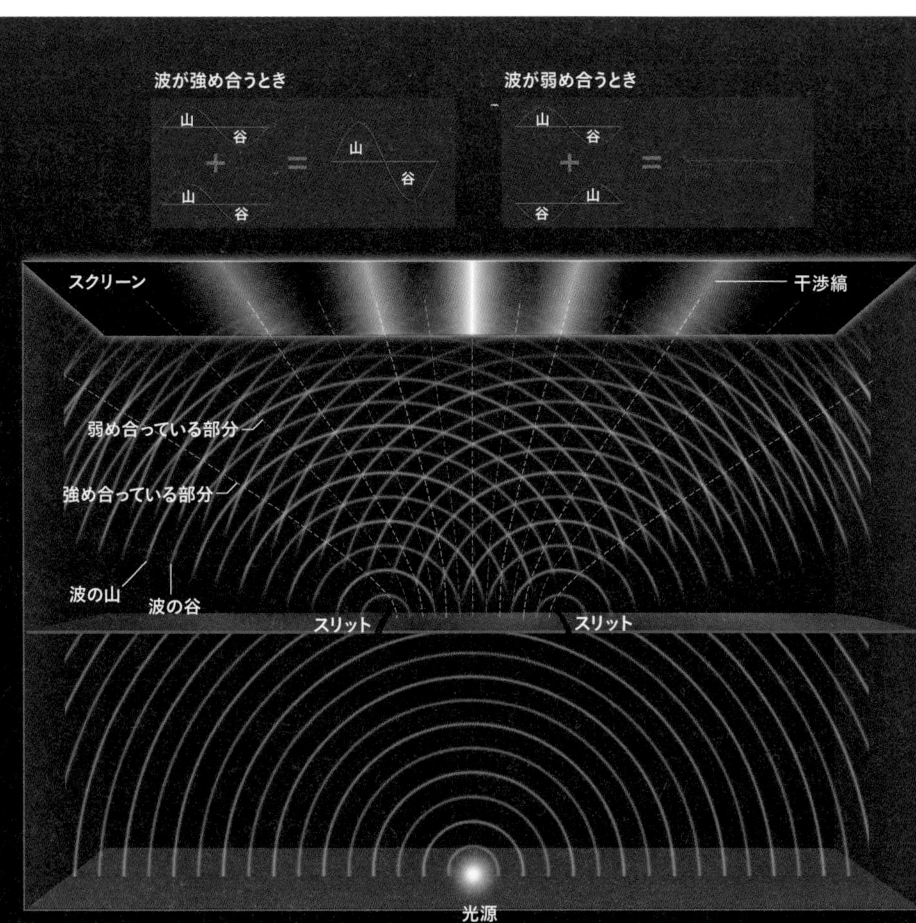

シャボン玉の表面は，「光の干渉」によって7色に光ります（22ページ）。光が干渉をおこすことを示したのがイギリスのトーマス・ヤング（1773〜1829）です。

ヤングは光源の前に細いすき間（スリット）を2本あけた板を置きました。そして，これらのスリットを通った光をスクリーンに映すと，光の干渉で明るい場所と暗い場所の縞模様（干渉縞）ができることを示しました（左下の図）。**ヤングはこの結果をもとに，光の正体は波動であるという説をとなえました。**

当時，光の正体については，粒子説と波動説がありました。ヤングの時代のイギリスでは粒子説が優勢でしたが，19世紀には波動説が優勢になっていったのです。

光の干渉は，CDの記録面や，平面の物体が立体的に見えるホログラムにも利用されています。光の干渉を利用した技術は，意外と身近にあるのです。

ヤングの実験

左の図は，ヤングが行った実験をえがいたものです。光源から出た光が，二つの細いすき間（スリット）を通ります。すると，すき間で光が回折（波が障害物の背後にまわりこむ現象）します。回折した光はたがいに強め合ったり弱め合ったりしながら進み，スクリーンに明るい場所と暗い場所の縞模様（干渉縞）をつくります。

すべてを知っていた最後の人物

ヤングは光学の分野だけでなく，材料力学や医学，音楽理論など，多くの学問分野で大きな業績をあげました。「すべてを知っていた最後の人物」とも評されています。人間の目が水晶体の厚さを変えることでピントを合わせるというしくみも，ヤングが発見したものです。

電気と磁気の密接な関係を示したファラデー

独学で19世紀の大科学者になったファラデー

貧しい家に生まれたファラデーは，独学で化学や電磁気の分野で数多くの発明や発見をなしとげました。その一つが「電気力線」という考え方です。棒磁石のまわりに砂鉄をまくと，N極とS極をつなぐように砂鉄の粒が並び，何本もの線があらわれます。ファラデーはこれを「磁力線」と名づけ，磁力線の中に置かれた磁石は力を受けるとしました。また，正電荷と負電荷の間にも同じように，電荷が受ける力の方向を示す「電気力線」が存在すると考えました。

アンペールの法則

コイルに電流が流れると…

コイルのまわりに磁場が発生する

現代社会は電気なしではなりたちません。電気を生みだして利用するしくみに欠かせない，電動モーターと発電機の発明に貢献したのが，マイケル・ファラデー（1791～1867）です。

モーターのしくみの根本には，電流のまわりに磁場が生じるという「アンペールの法則」があります。この法則によると，導線をらせん状に巻いた「コイル」に電流を流すと，コイルをつらぬくような向きの磁場が発生します（左下の図）。つまり，電流を流したコイルは磁石のようにふるまうのです。

モーターは，永久磁石がつくる磁場の中に置いたコイルに電流を流し，コイルがつくる磁場と永久磁石が引きつけ合ったり反発し合ったりする力を利用しています。**ファラデーは1821年に簡易的なモーターを発明し，電気エネルギーを回転運動に変換することにはじめて成功しました。**

ファラデーはつづいて，「電流によって磁場が生じるのなら，磁場によって電流が生じるのではないか？」と考えました。そして1831年に，コイルのまわりで磁石を動かすとコイルに電流が流れることを発見しました。これは「電磁誘導の法則」とよばれ，発電機の原理にもなっています。

電磁誘導

コイルに磁石を近づけると…

コイルに電流が流れる

電流が磁場を生み 磁場が電流を生む

左ページに電流を流したコイルに磁場が発生するようすを，右ページにはコイルに磁石を近づけると電流が流れるようすをえがきました。

現代物理学にも通じるマクスウェルの電磁気学

イギリスのジェームズ・クラーク・マクスウェル（1831～1879）は，電場・磁場に関するいくつかの法則を数式の形であらわし，「電磁気学」という分野を築きました。

マクスウェルは，ファラデーが発見した力線（前ページ）のアイデアを進めて，空間に電気力線（磁力線）が広がっている状態を「電場（磁場）が存在する」と表現しました。**「場」というものを通じて物質に力がおよぼされるという考え方はここからはじまり，現在の物理学でも場の理論は力（相互作用）をあつかううえで不可欠な手法になっています。**マクスウェルは，この「場」のアイデアをもとに電場と磁場の関係を言葉ではなく数式であらわしました。これはのちの科学者によって四つの方程式に整理され，それらを「マクスウェル方程式」といいます（右上）。

電流（電場）のまわりに磁場が発生し，磁場が発生するとそのまわりに電場が発生します。マクスウェル方程式によると，交互に発生した電場と磁場は，空間を波のように伝わります。このような電場と磁場の波である「電磁波」の存在をマクスウェルは予言しました。また，マクスウェル方程式によって，光の正体は電磁波だと結論づけられました。

ヘルツによって解明されたマクスウェルの予言

マクスウェルが予言した電磁波の存在は，ドイツのハインリッヒ・ヘルツ（1857～1894）によって解明されました。ヘルツは1887年に電気回路を使い，光より波長の長い「電波」を発生させ，電磁波の存在をたしかめたのです。ヘルツの装置は改良され，無線通信技術へと発達しました。マクスウェルの電磁気学が電磁波を予言したことで，無線通信という新たな技術がおこり，さらに原子物理学や相対性理論などの20世紀の物理学がはじまるきっかけにもなったのです。

マクスウェル方程式

$$\nabla \cdot \mathbf{E} = \frac{\rho}{\varepsilon_0}$$

①ガウスの法則

電荷がある場所で電場が生じる

$$\nabla \cdot \mathbf{B} = 0$$

③磁場に関するガウスの法則

N極やS極は単独で存在しない

$$\nabla \times \mathbf{E} = -\frac{\partial \mathbf{B}}{\partial t}$$

②電磁誘導の法則

磁場の変化で電場が発生する

$$\nabla \times \mathbf{B} = \mu_0 \left(\mathbf{J} + \varepsilon_0 \frac{\partial \mathbf{E}}{\partial t} \right)$$

④アンペールの法則

電場の変化や電流で磁場が発生する

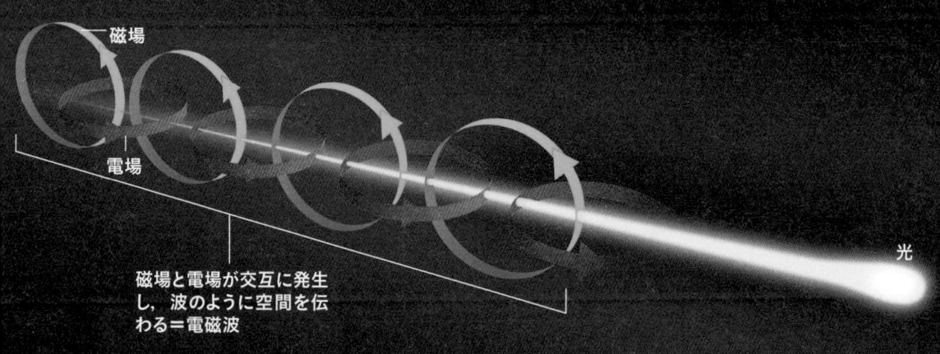

ニュートンにつづく物理学の巨人

マクスウェルは大地主のあととりとして生まれ，14歳で最初の論文をエジンバラ王立協会に提出し，23歳のときにケンブリッジ大学トリニティカレッジで，数学の学位を取得しました。25歳で大学教授に就任し，光と色覚の研究や熱力学・統計力学など幅広い分野で成果をあげました。現代物理学の基礎を築いたマクスウェルですが，わずか48歳の若さでがんで亡くなりました。

新しい元素を発見したキュリー夫人

放射線とは，高いエネルギーをもった粒子または電磁波（前ページ）のことです。病院でレントゲン撮影などに使われている「X線」も放射線の一種です。

1895年にドイツのウィルヘルム・レントゲン（1845～1923）は，真空にした放電管に高い電圧をかける実験をしているときに，放電管から目に見えない何かが放射されていることに気づき，X線と名づけました。これが，歴史上はじめて発見された放射線です。

翌1896年，フランスのアンリ・ベクレル（1852～1908）は，黒い紙で包んだ写真乾板の上にウラン塩をのせて引き出しにしまっておいたところ，光が当たっていないのに写真乾板が感光していることに気づきました。このことからベクレルは，ウラン塩からもX線と似た「黒い紙を透過して写真乾板を感光させる何か」が出ていると考えました。**のちにこれは，ウラン原子から出る放射線であることが，ポーランドのマリー・キュリー（1867～1934）と夫のピエール・キュリー（1859～1906）によって明かされました。3人は1903年にノーベル物理学賞を受賞しました。**

さらに1898年，マリーは夫のピエールが発明した電位計を使って，ウランの鉱石であるピッチブレンド（下の図）が照射する放射線の量をはかりました。すると，含まれるウランの量から計算される強さの4倍にあたる放射線が出ていました。このことからマリーは，ウラン以外に放射線を出す何らかの元素がピッチブレンドに含まれているはずだと考え，大量のピッチブレンドを使って実験を行いました。その結果，放射線を出す新元素の「ポロニウム」と「ラジウム」を発見したのです。マリーは物質が放射線を出す能力のことを，「放射能」と名づけました。

ピッチブレンド

ノーベル賞を２回受賞したはじめての研究者

1903年にベクレルと共同でノーベル物理学賞を受賞したマリー・キュリーは，女性で最初のノーベル賞受賞者となりました。1911年には，ラジウムとポロニウムの発見によってノーベル化学賞も受賞しました。一人でノーベル賞を2回受賞したのはマリー・キュリーがはじめてです。

大量のピッチブレンドから新元素を抽出した

キュリー夫妻が実験をしているようすをえがきました。放射線には，物体を透過する作用のほかにも原子をイオン化（電離）させる作用があります。この電離作用は細胞のDNAを傷つけ，体に有害な影響をあたえます。しかし，当時は放射線被ばくによる健康被害は知られておらず，対策もされていませんでした。長年の研究によってマリーは深刻な被ばくの影響を受け，再生不良性貧血によって66歳で亡くなりました。マリーの蔵書や実験器具の指紋からは，現在でも放射線が検出されるといわれています。

物理学に革命をもたらしたアインシュタイン

Aさんと B さんが正確な時計を持ち，別々の場所にいたとします。二人がどのような場所や状況にいようとも，時計の針は同じように進み，けっしてずれることはないという考え方を「絶対時間」といいます。これは，ニュートン力学（112ページ）の土台となる考え方です。

この考え方を否定したのが，ドイツ生まれの物理学者アルバート・アインシュタイン（1879～1955）が1905年に発表した「特殊相対性理論」です。この理論では，時間の進み方は立場によってことなる相対的なものと考えます。さらに，空間も立場によってのびちぢみするというのです。

アインシュタインは1916年には，重力の理論である一般相対性理論を完成させました（右下の図）。この理論によって，宇宙膨張やブラックホール，重力波の存在などが予言され，予言どおりの現象や天体が発見されました。

特許庁の職員だったアインシュタイン

アインシュタインは，1900年にスイスのチューリッヒ連邦工科大学を卒業後，特許庁に就職。そして特許庁在籍中の1905年，光量子仮説や特殊相対性理論などの論文を立てつづけに発表しました。1909年に特許庁を辞め，チューリッヒ大学の助教授になり，光量子仮説の業績で1921年のノーベル物理学賞を受賞しました。

光量子仮説(右)と一般相対性理論(下)

アインシュタインは特殊相対性理論を発表した1905年に,「光量子仮説」も発表しました。これは,「波であるはずの光は,『光子』という粒子としての性質ももつ」という仮説で,のちに発展する「量子論」へとつながりました。そして1916年には,一般相対性理論を完成させました。相対性理論と量子論は,現代物理学を支える2大理論です。

アインシュタインの光量子仮説のイメージ

オセロの表と裏のように,光は波としての性質をもちながら,粒子としての性質も同時にもつと考えました。

アインシュタイン以前の重力の考え方

ニュートン力学では,太陽と地球の間には万有引力がはたらきます。しかし,なぜ重力が生じるのかについては説明していません。

金星
太陽
水星
万有引力
万有引力
地球

太陽によって曲げられた空間
金星
水星
太陽
地球によって曲げられた空間
地球

一般相対性理論の考え方

一般相対性理論では,大きな質量をもつ物体は,その周囲の時空を曲げると考えます。おわんの側面に沿ってビー玉を投げ入れると,ビー玉はしばらくの間,側面をまわりつづけます。これと同様に,地球は太陽がつくりだした時空の曲がりによって太陽のまわりをまわると考えます。

「原子の姿」にいどんだ物理学者たち

あらゆる物質は，「原子」でできています。原子は1億分の1センチメートルの大きさで，顕微鏡を使っても人間の目では見えません。「原子はどんな姿をしているのか？」という疑問は，19世紀終わりから20世紀はじめにかけての物理学のホットトピックでした。

1897年，イギリスのジョセフ・ジョン・トムソン（1856～1940）は，原子の中に「電子」を発見し，「電気的に中性の原子の中に，負電荷である電子がどのように存在しているのか」が問題となりました。

その後，1911年にイギリスのアーネスト・ラザフォード（1871～1937）のグループが，原子の中心にはきわめて小さな正電荷の「原子核」があることを発見し，電子は原子核の周囲をまわっていることを突き止めました。

原子核の周囲をまわっている電子は，一定のエネルギーをもちます。しかし，電磁気学の法則によれば，電子の運動が曲げられると必ず電磁波が放出されます。そうなれば，電子はエネルギーを徐々に失い，軌道の半径は小さくなって，最終的に中心の原子核へと落ちこんでしまうはずです。つまり，原子核の周囲をまわりつづけることはできないのです。

この問題を解決したのが，デンマークのニールス・ボーア（1885～1962）です。彼は，「電子は，ある一定の半径の軌道しかとれず，これらの軌道上ならば電磁波を出さずに安定にまわることができる」と考えました。この考えをもとにしたのが「ボーアの原子モデル」です（右の図）。

量子論の原型となったボーアの考え方

ボーアの原子モデルは，「なぜ電子がそのような挙動をするのか」については説明していません。しかしこのモデルは，水素原子が発光する際の光の色などの実験結果をうまく説明できる，すぐれた考え方であることが明らかになりました。ボーアの原子モデルはのちの量子論の原型といえる理論で，「前期量子論」とよばれています。

水素原子の原子核

エネルギーが
最も低い軌道

電子が軌道を飛び移り
赤い光を出す

エネルギーが２番
目に低い軌道

エネルギーが３番
目に低い軌道

電子が軌道を飛び移り
青緑の光を出す

エネルギーが４番
目に低い軌道

電子が軌道を飛び移り
青い光を出す

エネルギーが５番
目に低い軌道

注：図ではわかりやすく簡略化していますが，実際は電子が起動間を飛び移る過程で光を出しています。

エネルギーが６番
目に低い軌道

電子が軌道を飛び移り
紫の光を出す

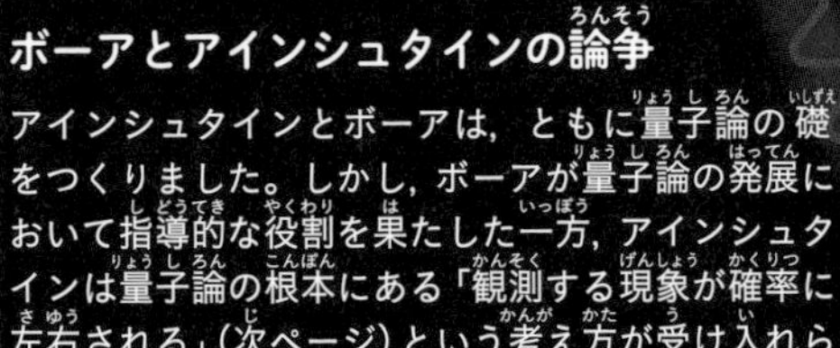

ボーアとアインシュタインの論争

アインシュタインとボーアは，ともに量子論の礎をつくりました。しかし，ボーアが量子論の発展において指導的な役割を果たした一方，アインシュタインは量子論の根本にある「観測する現象が確率に左右される」(次ページ) という考え方が受け入れられず，否定的な立場でした。二人の論争はつづき，アインシュタインがもちかけた議論の矛盾点を，ボーアが一般相対性理論を使って指摘したというエピソードもあります。

「量子論」を完成させた二人の科学者

生物学にも影響をあたえたシュレーディンガー

1944年に『生命とは何か』という本を出版。生物の活動を物理学の見方からどのようにとらえられるかを論じ，「分子生物学」発展のきっかけをつくりました。

シュレーディンガー方程式

シュレーディンガー方程式を解いた結果，「波動関数」が得られます。波動関数の絶対値が大きいところほど粒子が存在する確率は高くなります。また，波動関数の値が0の場所で粒子が観測される確率は0です。

$$i\hbar\frac{\partial\psi}{\partial t}=-\frac{\hbar^2}{2m}\frac{\partial^2\psi}{\partial x^2}+U(x)\psi$$

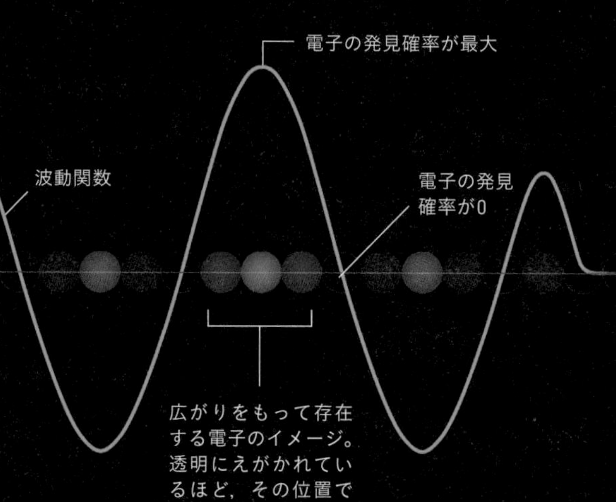

20世紀はじめ，**フランスのルイ・ド・ブロイ（1892～1987）はアインシュタインの光量子仮説に注目し，波であるはずの光が粒子の性質ももつのなら，電子などの粒子は波の性質ももつのではないかと考えました**。彼の仮説は，ボーアの原子モデル（前ページ）における電子の挙動をうまく説明し，その後の実験で正しいことが確認されました。

ド・ブロイの考え方を進めてミクロな世界の物理理論をつくり上げたのが，オーストリアのエルヴィン・シュレーディンガー（1887～1961）です。彼は「波動関数」という数式で粒子の状態をあらわす「シュレーディンガー方程式」を考案しました（左下）。同時期に，ドイツのヴェルナー・ハイゼンベルク（1901～1976）は粒子のふるまいを別の理論で計算し，ミクロな世界では粒子の「位置と運動量」などを両方同時に誤差なく測定することは不可能だという「不確定性原理」を見いだしました（右下）。

31歳でノーベル賞を受賞したハイゼンベルク

1927年に不確定性原理をみちびき，1932年にノーベル物理学賞を受賞。ナチス政権下では，ユダヤ人を擁護して攻撃にさらされたこともありました。

不確定性原理

電子をよく観察してその位置（x）を確定させると，その電子の運動量（p：質量×速度をあらわす値）は不確かになります。次に，電子をよく観察してその運動量を確定させると，今度はその位置が不確かになります。量子論においては，ある粒子の位置と運動量を同時にはっきりさせる（どちらの不確かさもゼロにする）ことはできないのです。

位置の不確かさ　運動量の不確かさ　定数

$$\Delta x \times \Delta p \geqq \frac{\hbar}{2}$$

位置の不確かさ Δx＝小

運動量の不確かさ Δp＝大

位置の不確かさ Δx＝中

運動量の不確かさ Δp＝中

位置の不確かさ Δx＝大

運動量の不確かさ Δp＝小

偉人たちの予言を実験で確認する現代物理学

1910～1920年代，放射線の一種であるベータ線の実験で一つの謎が生じました。原子核がベータ線（電子）を出して別の原子核に変わる「ベータ崩壊」という現象において，出てくる電子のエネルギーが，計算でもとめた値と合わないのです。

たとえば，トリチウム（三重水素）の原子核はベータ崩壊をおこし，電子を放出しながらヘリウム3の原子核に変わります。エネルギー保存則を考えれば，トリチウムのもつエネルギーと，ヘリウム3と電子1個のもつエネルギーの合計は同じになるはずです。しかし実際に測定すると，ヘリウム3と電子のエネルギーの合計はトリチウムのエネルギーよりもつねに小さいのです。

この結果についてオーストリアのヴォルフガング・パウリ（1900～1958）は，「ベータ崩壊では電子だけでなく，質量が非常に小さな未知の粒子も放出されており，この未知の粒子のもつエネルギーを考えれば，エネルギー保存則がなりたつ」と考えたのです。**パウリが予想した新粒子は「ニュートリノ」と名づけられ，1956年に実際に発見されました。**

物理学は現象を説明する「理論」が組み立てられ，その理論が予言する新たな現象を「実験」でたしかめることで発展してきました。現代の人類は，100億光年をこえる宇宙から原子核の1000分の1のスケールまでをあつかえる物理理論や，実験技術を手に入れました。その背景には，たくさんの物理学者の天才的なひらめきや地道な試行錯誤がかくれているのです。

二つのノーベル賞を生みだしたニュートリノ検出装置

背景の写真は，岐阜県神岡鉱山の地下にあるニュートリノ検出器「スーパーカミオカンデ」の内部です。黄色に光るのが「光電子増倍管」というニュートリノを検出するためのセンサーです。大気ニュートリノ（右下の図）の実験結果から「ニュートリノ振動」という現象が発見されました。前身となる「カミオカンデ」では超新星ニュートリノ（左下の図）がはじめて観測されました。この二つの功績は，いずれもノーベル物理学賞に結びついています。

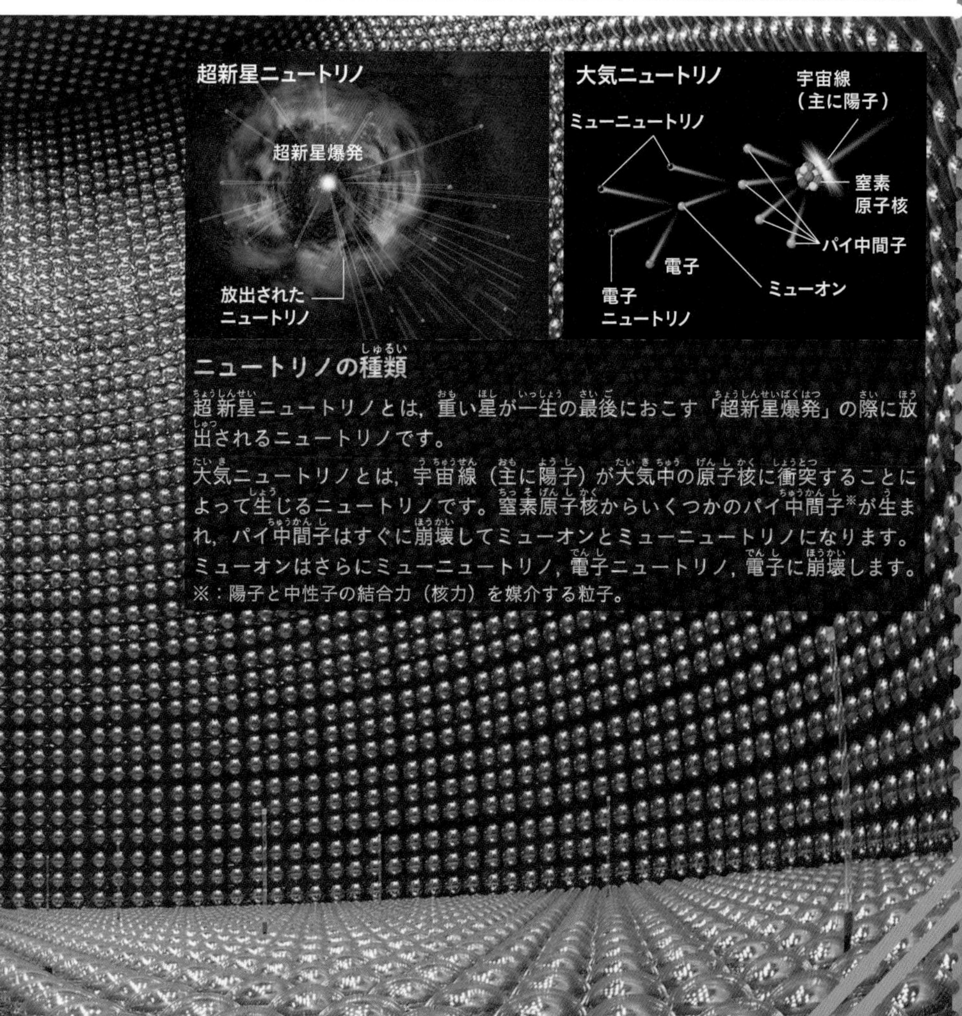

ニュートリノの種類

超新星ニュートリノとは，重い星が一生の最後におこす「超新星爆発」の際に放出されるニュートリノです。

大気ニュートリノとは，宇宙線（主に陽子）が大気中の原子核に衝突することによって生じるニュートリノです。窒素原子核からいくつかのパイ中間子※が生まれ，パイ中間子はすぐに崩壊してミューオンとミューニュートリノになります。ミューオンはさらにミューニュートリノ，電子ニュートリノ，電子に崩壊します。

※：陽子と中性子の結合力（核力）を媒介する粒子。

物理学Q&A

現代物理学とは何をさすの？

20世紀になって登場し，物理学に革命をおこした理論および学問分野。一般的には「量子論」と「相対性理論」のことをさします。

光の速度はどのくらい速いの？

光速とは光が真空中を伝わる速度で，1秒間に約30万キロメートル進みます。「光は観測する場所の速さや光源の速さに関係なく，つねに秒速30万キロメートルで一定」という「光速度不変の原理」がたしかめられています。

素粒子って何？

現在の技術ではそれ以上分割できないと考えられている，自然界の最小部品である粒子をいいます。現在までに17種類が発見されています。アップクォーク，ダウンクォーク，電子，光子，グルーオン以外は，身近な物質を構成する素粒子ではありませんが，素粒子の実験施設で人工的につくりだすことができたり，宇宙線（宇宙由来の放射線）と大気の衝突で発生したりします。

素粒子

物質を構成する素粒子の仲間

クォーク
- アップクォーク
- チャームクォーク
- トップクォーク
- ダウンクォーク
- ストレンジクォーク
- ボトムクォーク

レプトン
- 電子ニュートリノ
- ミューニュートリノ
- タウニュートリノ
- 電子
- ミューオン
- タウ粒子

力を伝える素粒子の仲間
- 光子［電磁気力を伝える］
- ウィークボソン（W粒子）［弱い力を伝える］
- ウィークボソン（Z粒子）［弱い力を伝える］
- グルーオン［強い力を伝える］
- グラビトン（未発見）［重力を伝える］
- ヒッグス粒子［素粒子に質量をあたえる］

原子の構造

原子
電子（素粒子）
原子核
陽子
中性子
アップクォーク
アップクォーク
ダウンクォーク
ダウンクォーク

可視光線って何？

電場と磁場の振動によって空間を伝わる波の総称が電磁波で，可視光線はその一つです。波長が400～800ナノメートル程度のもので，人の目で感じることのできる光をさします。

電磁波の波長

1pm	100pm	10nm		1μm	0.1mm

ガンマ線	X線	紫外線	可視光線（400nm～800nm）	赤外線	電波
滅菌，放射線治療など	レントゲン，CT，空港の手荷物検査など	殺菌，ブラックライトなど		リモコン，自動ドア，温度センサーなど	

マイクロやナノってどれくらい小さいの？

大きい数字や小さい数字をあらわすときは，「接頭語」をつけます。下の表は，国際単位系とともに使用できる「SI接頭語」です。たとえば，「0.000000001メートル（10^{-9}m）」をあらわすときは，「m（メートル）」に接頭語の「n（ナノ）」をつけて「1nm（ナノメートル）」とあらわします。

数	乗数	名称	記号	和名
1 000 000 000 000 000 000 000 000	10^{24}	ヨタ	Y	𥝱
1 000 000 000 000 000 000 000	10^{21}	ゼタ	Z	十垓
1 000 000 000 000 000 000000	10^{18}	エクサ	E	百京
1 000 000 000 000 000	10^{15}	ペタ	P	千兆
1 000 000 000 000	10^{12}	テラ	T	兆
1 000 000 000	10^{9}	ギガ	G	十億
1 000 000	10^{6}	メガ	M	百万
1 000	10^{3}	キロ	k	千
1 00	10^{2}	ヘクト	h	百
10	10^{1}	デカ	da	十

乗数	名称	記号	和名	1
10^{-1}	デシ	d	分	0.1
10^{-2}	センチ	c	厘	0.01
10^{-3}	ミリ	m	毛	0.001
10^{-6}	マイクロ	μ	微	0.000 001
10^{-9}	ナノ	n	塵	0.000 000 001
10^{-12}	ピコ	p	漠	0.000 000 000 001
10^{-15}	フェムト	f	須臾	0.000 000 000 000 001
10^{-18}	アト	a	刹那	0.000 000 000 000 000 001
10^{-21}	セプト	z	清浄	0.000 000 000 000 000 000 001
10^{-24}	ヨクト	y	涅槃寂静	0.000 000 000 000 000 000 000 001

物理学で何がわかるの？

物理学はこの世の現象や，物の性質について考える学問です。約138億年前に宇宙がはじまったと考えられていて，その謎を解き明かすのも物理学の大きな目標の一つです。

量子論によると，時間と空間さえない状態である「無」も，そのままではありえず，ゆらいでいます。その無のゆらぎから，宇宙は誕生したと考えられています。生まれたばかりの宇宙は真空でしたが，真空は「何もない空間」ではなく，さまざまな波長の微小な振動の波に満ちているのです。

$E = mc^2$

アインシュタインが特殊相対性理論からみちびきだした式。質量とエネルギーは変換することができることをあらわしている。cは高速をあらわし，その値は秒速約3×10^8メートルと決まっているため，物質の質量さえわかれば，その物質がもつエネルギーの大きさを計算できる。

アンペールの法則

電流と，そのまわりの磁場の関係をあらわす法則。電流が大きいほど，また導線に近いほど，磁場の強さは大きくなる。

イオン

原子が電気をおびた状態のこと。正（プラス）の電気をおびたものを陽イオン，負（マイナス）の電気をおびたものを陰イオンとよぶ。また，電気的に中性の原子や分子が，電子を失うあるいは得ることでイオンになることを，「イオン化」または「電離」という。

位相

周期的な運動をくりかえすものが，ある時点でどの位置にいるのかを示す量。

エネルギー保存則

自然界のさまざまなエネルギーは，たがいに移り変わることができる。その際，エネルギーの総量は増減することなく，つねに一定であるという法則。

カオス

「混沌」を意味する英語（chaos）で，一般的には無秩序で要素が入り乱れ，一貫性のない状況や姿をあらわす。力学系においては，初期条件だけでその後の運動のようすが決まるものの，その初期条件のわずかなちがいで不規則的で複雑な動きを示す軌道をさす。

角運動量保存の法則

物体の質量（m），回転速度（v），回転半径（r）の2乗の三つの積は一定である，という法則。質量（m）が変わらない場合，回転半径（r）が小さくなるほど回転速度（v）は速くなる。逆に，回転半径（r）が大きくなるほど回転速度（v）は遅くなることをあらわしている。

光年

天文学で用いられる長さの単位。光が真空中を1年かかって進む距離を1光年という。光は秒速約30万キロメートルなので，1光年は約9兆4600億キロメートルに相当する。

散乱

波動や粒子などが凹凸のある面や微粒子などに当たって，さまざまなな方向に進路を変えること。

磁気圏

地球の磁場の影響が強くおよんでいる領域のこと。

思考実験

頭の中で想像するのみの実験。ある特定の条件などを設定して，頭の中で推論を重ねて結論をみちびきだす。

磁場

磁石や電流のまわりに生じる磁気力の作用する場所。

自由電子

真空中や物質の内部を自由に運動している電子。金属原子には自由電子が大量に含まれているため，電気を通す導体になる。

重力波

光速で伝わる，時空のゆがみによって生じる波動のこと。1916年にアインシュタインが一般相対性理論にもとづいて予言し，その約100年後の2015年，アメリカの重力波観測所LIGOが直接検出に成功した。

積乱雲

強い上昇気流によって鉛直方向(重力の方向)に著しく発達した雲のこと。夏によく見られる入道雲も積乱雲である。雲の高さは10キロメートルをこえ，ときには成層圏まで達することもある。

太陽風

太陽から吹きだすプラズマの流れのこと。地球軌道での太陽風の速度は，時速およそ150万～300万キロメートルに達する。太陽風の変動はオーロラを発生させる原因になる。また，磁気嵐を引きおこして通信機器などに障害をもたらすこともある。

電荷

電気量をもった物体や粒子のこと。単位はC(クーロン)。

トンネル効果

電子は，ふだんは粒子として1か所に存在しているのではなく，雲のように広がっているという。このとき，量子論では，一定の確率でエネルギーの障壁をすり抜けられると考えられている。電子の雲がエネルギーの障壁に“トンネル”をあけて移るようにみえることから，この現象は「トンネル効果」とよばれる。

白色光

太陽光のこと。日中の太陽は白く見えるため，「白色光」ともよばれる。太陽光が白く見えるのは，さまざまな色の光がまざっているためである。

波長

光は波の性質をもっている。波の山(波の最も高い場所)と山の間の長さ，または谷(波の最も低い場所)と谷の間の長さを「波長」という。波長がことなると，私たちの目にはことなる色に見える。

プラズマ

電気をおびた粒子でできているガスのこと。電気的に中性の気体を加熱すると，原子どうしの衝突などによって原子から電子が飛びだすことがある。すると，正の電気をおびた陽イオンや原子核と，負の電気をおびた電子が分かれて自由に飛びかうプラズマになる。

プレート

地球の表面をおおう，十数枚のかたい板状の岩盤のこと。地球の内部構造は「地殻」「マントル」「殻(外殻，内殻)」に大きく分けられ，プレートはマントルの最上部と地殻からなる。その厚さは，海洋域で30～90キロメートル，大陸域では100キロメートルほどとされている。

プリンキピア

1687年に出版されたアイザック・ニュートンの著書。全3巻。ニュートン力学体系の解説書で，運動の法則を数学的に論じ，天体の運動や万有引力の法則などをあつかっている。日本語では『自然哲学の数学的原理』とも表記される。

フレミングの左手の法則

イギリスの電気工学者ジョン・アンブローズ・フレミング(1849～1945)が考案した法則。左手の中指，人差し指，親指を，それぞれ直角に交わるようにのばした場合，電流が中指，磁場が人差し指，導線が受ける力の向きが親指の向きになる。

分光

さまざまな光を波長に応じて分けること。

放射性同位体

原子核の陽子数が同じで，中性子数がことなる元素を「同位体」という。同位体のうち，原子核が不安定なため原子核が崩壊して放射線を放出するものを「放射性同位体」という。ラジオアイソトープ(Radioisotope：RI)ともよばれる。

量子論

原子よりも小さい，およそ1000万分の1ミリメートル以下の「ミクロな世界」では，私たちが暮らす世界とはことなる現象があらわれる。たとえば，物質は「粒子」と「波」の性質をあわせもつという。こうしたミクロな世界の物理理論を「量子論」といい，現代物理学の土台となっている。

励起

原子や分子が外からエネルギーをあたえられ，もとのエネルギーの低い安定した状態からエネルギーの高い状態へと移ること。

おわりに

これで『感動する物理』はおわりです。いかがでしたか？

青い空や夕日，雷，海の色といった身近な自然現象にはじまり，野球選手の魔球やフィギュアスケーターの高速スピン，一見すると念力で動いているように見える振り子など，さまざまな現象や運動を物理の視点で紹介しました。「超強力な磁石を近づけると逃げるキュウリ」は，簡単な道具で実験できます。ほんとうにそうなのか，実際に試してみてください。

また，ニュートンとハレー彗星で有名なハレーが友人どうしだったり，あのアインシュタインが特許庁の職員をしていたことがあったりと，歴史に名を残す物理学者たちの意外なエピソードも紹介しました。物理学を支える重要法則への理解を深めるとともに，偉人伝としても楽しんでもらえたら幸いです。

この本が，物理のすごさ，おもしろさを知るきっかけになりましたら，とてもうれしく思います。

60.18kg

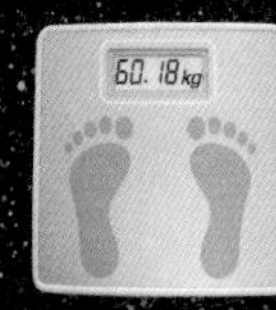

60.00kg

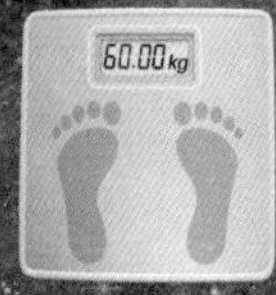

59.88kg

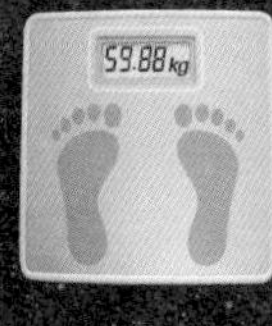

Staff

Editorial Management	中村真哉	Design Format	村岡志津加（Studio Zucca）
Cover Design	秋廣翔子	Editorial Staff	上月隆志，佐藤貴美子，谷合 稔

Photograph

9	chernikovatv/stock.adobe.com,【アインシュタイン】Public domain
10-11	masahiro/stock.adobe.com
14-15	masahiro/stock.adobe.com
17	makieni/stock.adobe.com
18-19	Александр Ткачук / stock.adobe.com
21	oka/stock.adobe.com
24	Dzmitry Sukhavarau/stock.adobe.com
25	3djewelry/stock.adobe.com
27	DiamondGalaxy/stock.adobe.com, Retouch man/stock.adobe.com
28	Shuo/stock.adobe.com
30-31	dreamsky/stock.adobe.com
55	VIAR PRO studio/stock.adobe.com
60-61	ilietus/stock.adobe.com
63	山本製作所
65	佐賀県立宇宙科学館《ゆめぎんが》
69	尾崎守宏 /Newton Press
71	【アインシュタイン】Public domain
74-75	max5128/stock.adobe.com
83	日本ガイシ株式会社，【溶接】dreamnikon/stock.adobe.com
85	chernikovatv/stock.adobe.com
87	max5128/stock.adobe.com
92-93	覚 遠藤 /stock.adobe.com
97	Itsanan/stock.adobe.com
100	Pixel-Shot/stock.adobe.com
105	kapinon/stock.adobe.com
107	【アインシュタイン】Public domain
109	【ガリレオ】Public domain
111	【パスカル】Public domain
112	【ニュートン】Public domain
115	【ジュール】Public domain
116-117	keylab007/stock.adobe.com
119	【ドップラー】Public domain
121	【ヤング】Public domain
122	【ファラデー 】Public domain
125	【マクスウェル】Public domain
126	【ピッチブレンド】Björn Wylezich/stock.adobe.com,【背景】Grischa Georgiew/stock.adobe.com
128	【アインシュタイン】Public domain
131	【ボーア】Public domain
132	【シュレーディンガー】Public domain
133	【ハイゼンベルク】Bundesarchiv, Bild 183-R57262 CC BY-SA 3.0
134-135	東京大学宇宙線研究所 神岡宇宙素粒子研究施設
136-137	Ulia Koltyrina/stock.adobe.com

Illustration

表紙カバー	Newton Press
表紙，2	Newton Press
8-9	Newton Press
11 〜 13	Newton Press
15	Newton Press
17	Newton Press
19	小林 稔
21 〜 26	Newton Press
29 〜 30	Newton Press
32-33	Newton Press
35	山本 匠
36-37	吉原成行（ 地球：Made with Natural Earth., Reto Stöckli, NASA Earth Observatory/NASA Goddard Space Flight Center Image by Reto Stöckli (land surface,shallow water, clouds). Enhancements by Robert Simmon(ocean color, compositing, 3D globes, animation). Data and technical support: MODIS Land Group; MODIS Science Data Support Team; MODIS Atmosphere Group; MODIS Ocean Group Additional data: USGS EROS Data Center(topography); USGS Terrestrial Remote Sensing Flagstaf Field Center (Antarctica);Defense Meteorological Satellite Program(city lights).）
39	Newton Press，加藤愛一・Newton Press
40-41	Newton Press（背景：ASA, ESA, CSA, JosephOlmsted (STScI)）
42-43	小林稔
43 〜 45	Newton Press
47	富﨑 NORI
48-49	小林稔
51	富﨑 NORI
53	Newton Press
55 〜 57	Newton Press
59	Newton Press（地図：Made with Natural Earth.）
60-61	Newton Press
67	Newton Press,【リニア地下鉄】小林 稔
69 〜 71	Newton Press
73	Newton Press
75	Newton Press
76-77	石井恭子
79	宮川愛理
81	Newton Press
85	Newton Press
87	Newton Press
89	Newton Press
91	石井恭子
92-93	Newton Press
95	Newton Press
98-99	Newton Press
101	吉原成行
103	Newton Press，吉原成行
105	Newton Press
106 〜 109	Newton Press
111 〜 115	Newton Press
117 〜 123	Newton Press
125	Newton Press
127	Newton Press
129 〜 133	Newton Press
135 〜 137	Newton Press
137	【宇宙創生】矢田 明
141	Newton Press（地図：Made with Natural Earth.）

本書は主に，ニュートン別冊『感動する物理』の一部記事を抜粋し，大幅に加筆・再編集したものです。

監修者略歴：

橋本幸士／はしもと・こうじ

京都大学大学院理学研究科教授。理学博士。京都大学理学部卒業。専門は超弦理論，素粒子論。一般向け著書に『物理学者のすごい思考法』『「宇宙のすべてを支配する数式」をパパに習ってみた』などがある。

超絵解本

自然現象も身近な不思議も　すべては物理が教えてくれる

想像をこえたおどろきの世界！ 感動する物理

2024年5月1日発行

発行人　高森康雄
編集人　中村真哉
発行所　株式会社 ニュートンプレス
〒112-0012東京都文京区大塚3-11-6
https://www.newtonpress.co.jp
電話 03-5940-2451

ISBN978-4-315-52801-5